枣高产
栽培新技术

ZAO GAOCHAN ZAIPEI XINJISHU

李桂荣　主编

中国科学技术出版社
·北京·

图书在版编目（CIP）数据

枣高产栽培新技术 / 李桂荣主编 . —北京：
中国科学技术出版社，2017.6
　ISBN 978-7-5046-7482-1

　I. ①枣…　II. ①李…　III. ①枣—果树园艺
IV. ① S665.1

中国版本图书馆 CIP 数据核字（2017）第 092682 号

策划编辑	刘　聪　王绍昱
责任编辑	刘　聪　王绍昱
装帧设计	中文天地
责任校对	焦　宁
责任印制	徐　飞

出　　版	中国科学技术出版社
发　　行	中国科学技术出版社发行部
地　　址	北京市海淀区中关村南大街16号
邮　　编	100081
发行电话	010-62173865
传　　真	010-62173081
网　　址	http://www.cspbooks.com.cn

开　　本	889mm×1194mm　1/32
字　　数	100千字
印　　张	4.25
版　　次	2017年6月第1版
印　　次	2017年6月第1次印刷
印　　刷	北京威远印刷有限公司
书　　号	ISBN 978-7-5046-7482-1 / S・633
定　　价	15.00元

本书编委会

主 编

李桂荣

编著者

李桂荣 张晓娜 扈惠灵

Contents 目 录

第一章
概　述

经考古发现，在山东的灵渠县有酸枣叶的化石，酸枣即是枣的野生种，也叫"棘"，由此推断在 1 000 万年前酸枣就出现在我国北方地区。随着时间的积累，经过自然选择和进化，酸枣中逐渐出现了味道酸甜的"过渡型酸枣"，我们的祖先从中发现较为优良的枣树，经过长期栽培驯化，逐步形成现在的枣。经历史考证和文献记载，枣树在我国的栽培至少具有 3 000 多年的历史。《诗经》中就有"八月剥枣，十月获稻"的诗句，指陕西一带已经在种植枣树了，随后也发现其他古书上有枣树的相关记载，主要描述的是黄河流域的枣树种植情况，之后慢慢向其他地区扩展，甚至通过丝绸之路传入亚洲西部和地中海等地，在 19 世纪初也传到了北美。

在长期的栽培历史中，枣在我国逐渐形成了许多优良的地方品种，如山东、河北等地的冬枣、梨枣是有名的鲜食品种，山东和河北沧州一带的金丝小枣，河北赞皇的赞皇大枣，河南新郑的灰枣，河南灵宝大枣，山西骏枣等则是鲜食和加工均可的名贵品种。另外，我国南方枣虽容易发生裂果，但也出现了一批名优品种，如浙江义乌大枣。在枣的栽培历史中，不仅出现了大量的名贵品种，还积累了很多枣的栽培技术。例如，通过开沟断根的方法可以得到大量的根蘖苗，从古沿用至今的"研枣"和"开甲"法，即在枣树树干上进行环割、环剥，或用刀砍造成伤口，破坏树干的疏导组织，使叶片制造的养分大部分都供给花果，从而提高枣的坐果率。

一、枣的营养价值

枣含有丰富的营养物质，包括蛋白质、脂肪、18 种氨基酸（其中有 8 种是人体不能自动合成的）、6 种有机酸、36 种微量元素，以及丰富的维生素 A、维生素 C、维生素 B_1、维生素 B_2、维生素 P，其中蛋白质含量比梨高出 11 倍，维生素 C 和维生素 P 含量最高，有 "维生素王" 之美称。大枣中所含糖类主要是葡萄糖，也含果糖、蔗糖，以及由葡萄糖和果糖组成的低聚糖、阿拉伯聚糖和半乳醛聚糖等。同时，还发现大枣中存在一种酸性多糖，命名为大枣果胶 A。此外，还含有纤维素、胡萝卜素、核黄素、树脂、黏液质、香豆素类衍生物、儿茶酚、鞣质、挥发油等。民间有 "天天吃红枣，一生不显老" 之说。大枣最突出的特点是维生素含量高。国外的一项临床研究显示：连续吃大枣的病人，恢复健康的速度比单纯吃维生素药剂快 3 倍以上。因此，大枣有 "天然维生素丸" 的美誉。大枣历来是益气、养血、安神的保健佳品，对高血压、心血管疾病、失眠、贫血等病人都很有益。同时也是一味滋补脾胃、养血安神、治病强身的良药。产妇食用红枣，能补中益气、养血安神，加速机体复原；老年体弱者食用红枣，能增强体质，延缓衰老；尤其是一些从事脑力劳动的人及神经衰弱者，用红枣煮汤代茶能安心守神，增进食欲。素有茶癖的人，晚间过饮，难免辗转不眠，若每晚以红枣煎汤代茶，可免除失眠之苦。春秋季节，乍寒乍暖，在红枣中加几片桑叶煎汤代茶，可预防伤风感冒；夏令炎热，红枣与荷叶同煮可利气消暑；冬日严寒，红枣汤加生姜红糖，可驱寒暖胃。红枣是天然的美容食品，还可益气健脾，促进气血生化循环和抗衰老。大枣也是中药中的重要用药，有 "无枣不成药之说"。古有 "五谷加小枣，胜似灵芝草"，"一日吃三枣，终生不显老" 之说。

二、国内栽培现状

枣树栽培历史悠久，最早起源于我国。因枣树具有很强的抗寒性、抗旱性、耐热、抗盐碱等优点，所以在我国的分布范围非常广，主要在东经 76°～124°、北纬 23°～42° 的范围内，最北可生长在内蒙古宁城、呼和浩特、包头一带，延伸至沈阳、吉林，东至沿海各地，南到两广、云南、四川，西至新疆维吾尔族自治区都有分布。无论是平原、丘陵，还是沙滩、盐碱地均能生长。在垂直分布上看，低纬度地区，枣树分布在海拔 1 000～2 000 米的丘陵地区；在高纬度地区，主要分布在海拔 200 米左右的平原、河谷地带。目前，大面积经济栽培区则集中分布在山东、河南、河北、山西、陕西。根据我国不同地区的气候条件和枣不同的品种特点，我国枣树的分布以秦岭淮河为界，可分为北方适栽区和南方适栽区。秦岭淮河以北为北方适栽区，主要包括山东、山西、陕西、河南、河北等地，秦岭淮河以南地区主要包括湖南、江苏、江西、广西和安徽等地，这些地区温度相对北方较高，年降雨量较大，枣果实产量相对较高，也因此使得枣果实中水分含量较多，可溶性固形物减少，果实成熟后期容易发生裂果，有的地区裂果比较严重。所以，南方适栽区更适合栽培加工品种。北方地区因其环境气候不同于南方，降雨量较少，山地光照充足，昼夜温差大，枣果实中可溶性固形物含量高，更适合栽培制干品种和鲜食品种。因不同地区气候条件不同，适宜栽培的品种也有所不同，所以要因地制宜。

枣树是我国栽培面积较为广泛的果树之一，由于气候条件的不同，北方枣区以生产制干或制干加工兼用型品种为主，且占总面积的 90% 左右，南方以蜜枣品种为主，占总面积的 5%，鲜食品种多数处于零星栽培的状态，但也有少数优良的鲜食品种得到了规模化的生产，如冬枣、桐柏大枣、大白铃等。北方的制干和兼用品种主要是河北和山东栽培的金丝小枣、河北的赞皇大枣、陕西和山西的木枣、河南新郑的灰枣等。我国枣总产量逐年升高，销量大，价位高，经济效益非常可观。

近年来，我国红枣产量保持高速增长态势，2012 年，我国红枣产量已经超过 640 万吨，产量同比增长 15.8%，近十年来我国红枣产量年均增速接近 16%。据统计，2012 年我国红枣加工业产值达到 72.3 亿元，较上年度同比增长 17%，随着我国枣业粗加工以及深加工效率的提升，未来我国红枣加工业产值将延续增长态势，预计到 2017 年行业产值将达到 131.5 亿元。

目前，我国枣产业虽然具有较好的发展势头，但也存在不少问题。各地的主栽品种基本上多数是传统的地方品种，品种退化现象比较严重，新品种的选育也没有得到足够的重视，所以在生产上一些品种特性不是很好的品种仍在栽培种植，且占了相当大的面积，特点是平均单产低、平均质量水平低、管理水平参差不齐等，甚至已经严重影响到出口和信誉，使得我国枣在国际上的竞争力没有明显提升。另外，我国的枣生产业在很多地区还处于零散种植经营的状态，没有形成规模化种植，更没有形成品牌效应，这些都严重阻碍了枣产业的进步与发展。

在枣的加工行业也存在不少问题：第一，缺乏具有强竞争力的品牌，尤其是在枣加工行业，取得"中国驰名商标"的品牌寥寥无几。第二，枣因其丰富的维生素和营养物质备受人们的青睐，但其更深层次的保健功能还需要进一步的开发和利用，如开发复合型、组合型和多元化的枣利用模式。第三，食品安全问题，多年来国际上对我国出口农产品的绿色壁垒政策，使得我国政府和农产品生产者越来越重视食品的安全问题，枣产品也不例外，从生产环节到加工销售环节，都应该把环保放在第一位，对于枣种植者来说更应该注意产品的安全问题。

三、枣的种植优势

据统计，我国的枣产量占全世界枣总产量的98%，也是世界上唯一的枣果出口国。虽然其他国家也有栽培，但产量不足以满足世界市场，多数都从我国进口，所以我国的枣果在世界农贸产品中具有极为广阔的发展前景。

（一）早结果、早丰产、经济寿命长

枣树开始结果比较早。有俗语说："桃三李四杏五年，枣树当年就还钱。"足以反映出枣树结果比一般的果树都要早。枣树早结果就为其早产、丰产打下了基础，只要管理得当，枣树会很快进入丰产期，保证其早期收益。枣树不仅结果早、丰产早，而且其结果年限也很长。"一年种树，百年收枣"，枣树的盛果期长达50～80年之久，甚至数千年的枣树还能够结果。

（二）抗性强，适应性强

农谚曰："旱不死的栗子，晒不死的枣子。"枣树综合抗性非常强，被农民誉为"铁杆庄稼"，无论是气候条件恶劣的盐碱地、河滩地，还是山坡等贫瘠之地，枣树均能够很好地生长。

（三）栽培管理简便

枣树，结果基枝和结果母枝生长量都比较小，结果部位比较稳定，每年结果枝都可自行脱落，修剪量比较小。栽培管理技术措施简便，易掌握，也便于推广应用。

四、枣发展前景

目前，市场上仍以干红枣产品为主。传统加工的红枣制品多为甜味，品种口味单一，不符合现代人的膳食需求。尽管人们对于红枣功能性成分，如红枣多糖、环磷酸腺苷、芦丁等的研究较多，但是在高技术含量的功能性保健产品方面的研发还不是很多，这使得高附加值的红枣新产品和红枣功能性保健产品所占市场份额很小。

鲜枣的供应受到季节限制，而相对于干枣及其粗加工产品，深加工产品具有营养丰富、产品类型丰富、纯度高、口感好、科技含量高等一系列优点。在市场推广过程中，深加工产品受到了消费者的广泛认同。从细分产品市场发展角度来看，深加工产品增长速度高于其他枣产品。近年来，深加工产品在枣产品市场中的份额不断扩大。高新技术如真空冷冻干燥技术、超微粉碎技术等在食品行业中的广泛应用，使得食品深加工朝营养、健康、安全、卫生的方向发展。采用高新技术加工红枣制品将具有较大的发展潜力和市场前景，高新技术的应用对于今后红枣产业的发展具有深远的意义。

第二章
生长结果习性

一、枣树生长特点

（一）根系生长特性

1. 根系类型与分布 枣树的根系因繁殖方法不同分为 2 种类型，即茎源根系和实生根系。用根蘖苗繁殖的枣苗根系为茎源根系，用播种（如酸枣种子）繁殖的实生苗作砧木嫁接的枣苗根系为实生根系。

（1）茎源根系 茎源根系的水平根较垂直根发达，其主要功能是扩大根系水平分布范围和产生不定芽形成根蘖。水平根向四周扩伸的能力很强，在山坡和多石处可弯曲生长或形成扁平根，其分布往往超过树冠的 1 倍以上，故水平根又叫串走根或行根。但水平根的分枝能力较差，蜿蜒生长 1～2 米长而没有一个分枝，其上的细根也很少。由水平根向下分枝形成垂直根，其生长势比水平根弱，主要作用是扩大根系垂直范围。

枣树根系的分布与树龄、栽培方式、土壤类型有关，一般在 15～40 厘米土层内分布最多，约占总根量的 75%。树冠下为根系的集中分布区，约占总根量的 70%。

（2）实生根系 实生根系有明显的主根，垂直根和侧根均较发达，而其垂直根又较水平根发达。1 年生实生苗刚出土时，垂直根向下深达 1～1.8 米，甚至为地上部的 2 倍左右，水平根长达 0.5～1.5 米。

（3）**根蘖** 枣树容易发生根蘖，多发生在水平根上。根蘖出土后，地上部生长较快，根系的发育速度则相对较慢，近母树的一面很少发根。一般以直径 5～10 毫米的水平根上发生的根蘖生长良好，且易分株成苗。母根过粗或过细，发生的根蘖均不理想。母根过粗，发根少，不易与母体分离；过细则生长发育不良。

一般嫁接树和长势弱的植株，发生根蘖少，而分株繁殖和长势强的植株，发生根蘖较多。机械伤可刺激根蘖发生。根蘖发生的深度，与土壤及耕作制度有关。疏松土壤发生根蘖较深，黏重和管理粗放的枣园发生较浅，发生在较深土层的根蘖，发根量大，地上部生长良好。

2. 根系生长 枣树根系先于地上部生长。开始生长的时间因品种、地区和年份而异。根系的生长高峰一般出现在 7～8 月份。在落叶始期至终期，根系进入休眠。根系生长期在 190 天以上。

（二）枝芽生长特性

枣树的枝芽生长与常见的其他落叶果树不同。尤其是枝条类型有着特有的名称，易造成概念的混淆，需要明白其与营养生长和生殖生长的关系，并理清枝芽之间的相互转化关系。简单来说，枣树有"两芽"（主芽和副芽）和"四枝"（枣头一次枝、枣头二次枝、枣股和枣吊）。

1. 芽 枣树有主芽（正芽或冬芽）和副芽（夏芽）2 种，主芽和副芽着生在同一节位，上下排列，为复芽。主芽形成后当年不萌发，翌年春萌发生长，并随着枝条生长在各节陆续形成主、副 2 芽。

（1）**主芽** 主芽着生于枣头和枣股的顶端或侧生于枣头一次枝及二次枝的叶腋间。主芽因着生部位的不同，其生长发育习性也表现不同。

着生在枣头顶端的主芽，生命活力比较旺盛，冬前已分化出主雏梢和副雏梢。春季萌发后，主雏梢长成枣头的主轴（枣头一次枝）；冬前分化的副雏梢，多形成脱落性枝。春季萌发后分化的副雏梢形成永久性二次枝。在幼树和旺枝上其枣头顶端的主芽能连续延生多年（7～8年），形成树体骨架或大的结果枝群。只有生长衰退时，其顶端的主芽才停止萌发或形成枣股。

侧生于枣头的主芽（即枣头一次枝叶腋中的侧生主芽），在当年分化较迟缓，构造与顶生相同，鳞片不是针刺状。形成后多不萌发，即使萌发抽枝也不良，只有当近旁的二次枝（早熟生长）生命活力减缓时才萌发形成枣股。若受到刺激（如短截后）可萌发为枣头（发育枝）。

位于枣股顶端的主芽，长势通常很弱，年生长量1～2毫米，只有受到刺激时才萌发成枣头（发育枝）。

枣股的侧生主芽，形体很小，多呈潜伏状态，不萌发，只有当枣股衰老时，侧生主芽才萌发成枣股，使其分叉，形成分叉的枣股。其生活力很弱，结果力很差，称"老虎爪子"。

（2）副芽　副芽为早熟性芽，侧生于主芽的左或右上方，当年即可萌发。着生于枣头一次枝中上部的侧生副芽萌发后形成永久性二次枝。着生于基部和二次枝上及枣股上的副芽，一般均萌发形成枣吊，开花结果，是主要的结果性枝条。

（3）休眠芽　休眠芽寿命长，有的可达百年之久，受刺激后易萌发。

2. 枝　有枣头（发育枝或营养枝）、枣股（结果母枝）和枣吊（结果枝）3种枝条。营养性枝条与结果性枝条可以相互转化。叶片着生于枣吊上。

（1）枣头　即发育枝或营养枝，是形成枣树骨架和结果母枝的主要枝条。不是单纯的营养枝，能扩大树冠面积，有的当年就能结果。

枣头由主芽萌发而来，具有旺盛或强健的延伸能力，当年生长停止时，顶部都能形成顶芽，翌年萌发继续延长，呈现连续单轴延伸，加粗生长也快，最终构成枣树的主干、主枝等骨干枝。

枣头一般1年只能萌发1次，在生长过程中，枣头主轴上的副芽按2/5叶序萌发，随主轴的延伸生长，其上的副芽也由下而上逐渐萌发长成二次枝。其中，上部萌发的永久性二次枝，按1/2叶序着生芽组，每一芽组有1个主芽和数个副芽，当年副芽萌发形成三次枝，即枣吊，有的当年可开花坐果。

枣头萌发生长最初的2周，加粗较快，加长生长缓慢。2周后，开花前期为旺盛生长期，盛花期后生长渐趋缓慢。其生长量大小、生长快慢、生长期长短与树龄、树势、环境条件密切相关。树龄小、树势强、肥水充足则生长速度快，旺盛生长期长，总生长量也大。新生枣头既进行营养生长，扩大树冠，又可增加结果部位。许多品种新枣头当年即能结果，这是有别于其他果树的主要之处。因此，生产中常对枣头摘心或喷施抑制剂用于抑制长势，减少养分消耗，缓解营养生长与开花坐果及幼果发育之间对养分竞争的矛盾。

（2）枣头二次枝　枣头二次枝是由枣头中上部副芽长成，与一次枝夹角为70°～80°，称永久性二次枝，简称二次枝。这种枝呈"之"字形弯曲延伸生长，枝梢弯曲，或形象称之为"枣拐"。其输导组织不发达，是着生结果母枝（枣股）的主要基础枝条，故又称之为结果基枝。

二次枝当年停止生长后不形成顶芽，翌年春萌芽后，往往尖端回枯，以后也不再延伸生长，并随枝龄的增长，长势转弱，逐渐从先端逐年向基端回枯缩短，加粗生长也较缓慢。

二次枝数量和长度与枣头的长势有关。一般强壮的枣头长势强，其二次枝萌发得多，单枝长，节数多，形成的枣股也多；生长弱的枣头则相反。短的只有4节左右，长的可达13节左右，每节着生1个枣股，以中间各节的枣股结果能力最强。结果母枝的寿命与枣股相似，为8～10年。

（3）枣股　枣股是由二次枝和枣头一次枝上的主芽萌发形成的短缩枝，也称结果母枝。枣股枝体短小。通常10年生枝龄枣股的枝体也只有 1.5 厘米左右，枝径不足 1 厘米。在枣股枝条顶部正中位置具有完整的顶芽，但在正常情况下，枣股顶生的主芽年生长量很小，每年由其上萌生的副芽抽生枣吊开花结果，是结果的主要枝条。

枣股的结实力与其着生的枝条、部位、枝龄以及栽培管理措施等有关。一般着生于结果母枝上的枣股结实力强，一次枝上的则较差；在斜生或平生的结果母枝上，向上生长的枣股结实力强，反之则差；以枝龄论，3～8 年生的枣股结实力强，老年枣股结实力则差。因此，注意适时、适量追肥灌水，加强整枝修剪是促使结果母枝茁壮生长的主要环节。枣股寿命一般 6～15 年。

（4）枣吊与叶片 枣吊即结果枝，俗称"枣码"，是由枣股上的副芽萌发抽生的纤细枝条。枣吊每年从枣股萌发，随枣吊的生长，叶片不断增多，叶面积不断扩大，花序在其叶腋逐渐形成并开花结果。开花坐果的枣吊，会随幼果生长而下垂，于晚秋脱落，故又称脱落性结果枝，或简称落性枝，常于结果后下垂。

枣吊具有生长与结果的双重作用。枣吊多一次生长，通常长10～25 厘米、13～17 节，个别品种或树势旺的可达 30 厘米以上，长势弱的树，节数少，也很少有分枝。一般以 4～8 节叶面积最大，以 3～7 节结果最多。有的品种的枣吊，如冬枣常有二次生长的特性，直至生理落果期后才完全停止生长。这一特性对坐果和幼果发育都不利，应采取摘心等夏剪措施加以控制。

枣吊和叶片在发芽后有迅速形成的特性，是枣树年生长期短的一种生态适应性表现，有利于在较短的年生长期中同化积累较多的营养物质，有利于营养生长减缓，以后集中养分开花结果。因此，枣树发芽前后要供应足够的肥水，使树体贮备充足的养分，以满足短期内大量枣吊和叶片的需要。

（三）花芽分化

枣花芽分化的特点是当年分化、随生长随分化（多次分化）、单芽分化期短、分化速度快，而全树的分化期则持续时间长。

枣树的花芽是在开花当年进行分化的，这与一般的落叶果树完全不同。一般是从枣股和枣头的主芽萌发展叶开始，随着结果枝和发育枝的延长生长，自下而上陆续进行分化，直至生长停止而结束。也就是说，花芽分化与枝条生长同时进行。

分化速度快，1 个单花的分化时间很短，一般只有 8 天左右，1个花序 8～20 天，1 个枣吊可持续 1 个月左右，单株可长达 2～3个月。对一个花序而言，中心花先分化，侧花依次错后。因为这一特点，有的枣农通过掰芽处理，使副芽再次萌发并成功分化，从而实现两茬枣的收获。

先分化的花芽原始体，先完成发育周期而先开花，然而枣吊基部第一、第二节和梢部数节，因环境条件和营养状况较差，叶片小，花芽分化速度缓慢，则很少坐果，其余节位花芽壮实，坐果力强。所以，结果能力并不受开花先后的影响。先开的花因环境条件不好未结成果，后开的花遇到好的环境条件也能结成果。但是，先开的花所结果实有充分的生长时间，果型大，成熟充分，品质优良。因此，在栽培实践中，应争取早开花结果。

由于持续时间长、多次分化等特点，也造成枣树的物候期同时并进，营养消耗量大。

上述花芽分化特点使枣树具有很强的早实性，幼龄期较短。一般根蘖苗或实生苗在萌发或播种当年一些植株就可以分化花芽，而嫁接苗则当年即能开花结果。

（四）开花结果

1. 开花和授粉

（1）**花的结构**　枣的花器较小，分 3 层，外层为 5 个三角形的绿色萼片，其内为 5 个匙形花瓣和雄蕊，与萼片交错排列，蜜盘较大，雌蕊着生其中。花序为二歧聚伞花序或不完全二歧聚伞花序。

（2）**开花**　枣花开放的过程可以分为裂蕾、初开、萼片展平、瓣立、瓣平、花丝外展及柱萎 7 个时期。

不同枣树品种其花朵裂蕾时间有差异。有昼开型，其裂蕾时间在上午 10 时至下午 2 时左右（如金丝小枣、婆枣等），而夜开型的裂蕾时间是在夜间 10 时至翌日凌晨 3～5 时（如义乌大枣、骏枣、灰枣、冬枣等），也有昼夜均开花的品种。不同类型品种，虽然裂蕾时间不同，但主要的散粉和授粉时间均在白天。

一株树上枣花开放是先从树冠外围逐渐向内开放。同一枣吊内，先从基部逐节向上开放。同一花序内，依花芽分化的顺序开花，即中心花先开，再一级、二级、多级花顺序开放。据对沾化冬枣的观察，通常一个花序历时 16 天左右，一枣吊历时 30 天左右，一单株历时 85 天左右。

因花芽的分化是随枝条的生长陆续进行的，从而导致于花期长和多次结果。这也是一株枣树果实大小不整齐、品质有差异的主要原因。

（3）环境条件对花粉生活力的影响　当日平均温度达 23～25℃时，枣树进入盛花期。温度过高花期缩短，温度过低则影响开花进程，甚至坐果不良。低温、干旱、多风、连雨天对授粉不利，会影响坐果。当温度在 24～26℃、空气相对湿度为 70%～80% 时，对枣花粉的发芽最有利，湿度太低则花粉发芽不良。

枣树花粉的活力与开花进程有关。以蕾裂至半开期发芽率最高。常态下，花粉的寿命较短。贮存在 0～3℃、空气相对湿度 25%～50% 条件下，可延长花粉的寿命。

坐果率通常会随着气温和空气湿度的逐渐增高而增加。故北方枣农有"枣花怕旱，不怕高温多湿"的说法；并有"旱天适时灌水，傍晚向树冠喷水能提高坐果率"的经验。

枣花为虫媒花，盛开时蜜汁丰富、香味浓郁，是极好的蜜源植物。因此，花期枣园放蜂可提高坐果率。

2. 落花落果　枣花量大，落花落果非常严重，自然坐果率通常仅为 1% 左右，如金丝小枣坐果率为 0.4%～1.6%，铃枣为 0.13%～

0.36%，郎枣为1.3%，沾化冬枣为1.12%，晋枣为1.39%。树势强壮的可多些，而树势弱者往往尚不及此数。

一般在花开放后1周左右出现大量落花。主要是未授粉受精的花和发育不良的花脱落。其中，有部分落蕾是由于树体营养条件不好，花器发育不良而形成"僵蕾"，即未开放就脱落。落蕾的多少与品种有关，一般着花多的品种更易形成僵蕾。

盛花期后，在北方枣区6月下旬至7月上旬出现落果高峰，落果量占总量的50%以上，至7月下旬仍有落果，但逐渐减少。此期落果的主要原因是营养不足，因为枣树花量大，分化和开放过程消耗大量贮藏营养，并且枣树的枝条生长、花芽分化、开花同时进行，导致营养的分配失衡。

3. 果实发育 枣果从花授粉受精后至成熟大致可分为3个时期：迅速生长期、缓慢生长期和熟前增长期。

（1）迅速生长期 这一时期是果实发育最活跃的时期，果实各个部分均进行旺盛的生命活动，细胞分裂迅速。分裂期的长短是决定果实大小的前提，一般分裂期为2～3周，大果品种分裂期可长达4周，而小果品种则短。大果型枣约有2880万个细胞，小型果（酸枣）约有900万个细胞。

在细胞分裂期细胞生长速度较慢，因而在开始时果实外形增长较慢，一旦细胞停止分裂，则细胞体积迅速增大，果实出现增长高峰。此期种仁增大最快，至此期末才停止生长，核开始硬化，果实纵径生长占优势。此期消耗养分较多，肥水不足影响果实发育，甚至落果细胞迅速生长期因品种不同而历时2～4周。

（2）缓慢生长期 细胞和果实的各部分生长缓慢，核已硬化完，在此期末细胞的增长趋于停止。由于果核细胞的木质化、核营养物质的积累以及细胞中液泡的迅速加大，此期果实的重量和体积迅速增长。

此期持续时间的长短与品种有关，一般4周左右，持续时间长的果实大。此期内完成果形的变化，已具有品种特性。

（3）**熟前增长期** 此期细胞和果实体积、重量的增加都很缓慢，果实基本达到一定大小，是营养物质积累和转化的主要时期。

果实由绿色转变为淡绿色或白绿色，维生素 C 等内含物增加，风味增进，以后开始着色，直至表现出固有的色、味等品种特性而成熟。

（五）物候期

枣树同其他植物一样，在长期的进化过程中逐渐适应了生态环境的变化，并在一年当中随气候的变化，使萌芽、展叶、开花、结果、落叶、休眠产生了一定规律，在此周期中，营养器官和生殖器官的生长称为物候期。主要有以下几个阶段。

1. 萌芽期 一般当日平均气温达到 11～12℃时，树液开始流动；气温升至 12～13℃时，芽体开始萌动膨大。另外，枣树萌芽的早晚，除与温度密切相关外，还与树龄、树势和营养状况密切相关。

2. 展叶期 当气温达到 18～20℃时，叶片的生长达到高峰。

3. 花果期 在展叶期，枣树的花芽分化已经开始，4～5 天后即现蕾、开花，花期可长达 2 个月之久。果实的发育基本分为 4 个时期。

4. 落叶休眠期 枣树秋季先落叶后落枝，落枝时，枣树的根系已经停止活动，之后进入休眠期。早熟的物候期由于气候条件和自身特点在我国不同地区有所差异。

（六）各生长阶段

一般根据枣树生命周期的生长发育变化将其分为 5 个年龄时期。

1. 生长期 从苗木定植至树的主枝骨架形成，以营养生长为主，一般需 10 年左右。刚开始生长较慢，树体幼小，根系发育旺盛，水平延伸为主，地上部多是枣头单轴延伸，主干发育具有明显优势，直立生长，主枝层次明显、斜生、离心生长旺盛。该期最大的特点是形成骨干枝，因此又称为骨干枝形成期。枣树结果较早，定植后 1～2 年即可结果，4 年以后株产量会直线上升。但此期总的来讲，应以扩大树冠、形成骨干枝为主。

2. 生长结果期　该期最大的特点是在树体离心扩大的同时，株产量上升较快，所以称为生长结果期。此期萌发多数侧枝，发育枝也增多，树冠离心生长加速，逐渐形成树冠。由于主、侧枝基本形成，各居其位，并占有一定的空间，构成树冠的骨架，因此又称为树冠形成期。此期一般持续至 15～18 年，达到高峰，年轮的增长量最大。此期内营养生长在初期仍占主导地位，所以消耗营养较多，虽开花结果，但产量不高。后期应通过修剪控制冠高，以利于透光。

3. 结果期　该期树冠和根系均已达最大延展范围，骨干枝离心生长停止，枣头生长减退，由于生长缓和，进入大量结果期，有效枣股数一直处于高峰期，产量达到高峰，是经济效益最佳的时期。有的基部主枝前端因下垂而需回缩，有的枣股出现局部更新。在科学管理下，此期可达 50 年左右。

4. 结果更新期　该期结果能力开始下降，依靠更新枝结果。因枣头在生长时多单轴延伸，一般生长 3～5 年后停止生长，待结果后则压弯或下垂，此结果枝逐渐衰老而基部又萌发新的枣头。枣树在旺盛结果期中，主干、主枝上的基部果枝弯曲下垂，甚至有的主枝先端干枯，树冠出现自然向心回缩和局部更新。这种更新在枣的一生中可出现多次，因而结果期长，一般可延续至 80 年左右或更长。

5. 衰老期　树体生长衰退，主枝上的隐芽或不定芽萌发出徒长性发育枝，同主干并行延伸，内膛空虚，结果差，结果部位明显外移，或由内部萌发的新更新枝结果，根系出现死亡，株产量逐年下降。一般枣树多在 80 年生以后进入衰老期，个别达 100 年以上才开始衰退。此期只有合理更新骨干枝，才有较好的产量。

二、环境条件对枣树生长发育的影响

枣适应性广，抗逆性强，但在整个生命周期中，对赖以生长发育的环境条件有一定的要求。了解和掌握这些需求，采取相应的栽培技术措施，才能达到丰产、优质的目的。

（一）温　度

枣树虽然地理分布范围较广，但其生长发育要求较高温度，属于较喜温的树种，所以萌芽晚、落叶早。生长期对温度反应比较敏感。当春季平均温度达到 11～12℃时，树液开始流动；气温上升至 13～15℃时，芽体开始膨大萌动，而抽枝、展叶和花芽分化则需 17℃以上的温度。气温达到 18～19℃时，结果枝和发育枝进入旺盛生长期，花芽分化并出现花蕾；日平均温度达到 20℃左右进入始花期；22～25℃进入盛花期。开花期和果实发育期对温度要求较高，花粉发芽为 24～26℃，低于 20℃发芽率显著降低。果实迅速生长期（6 月下旬至 8 月下旬）要求 24℃以上温度。花期温度偏低很少坐果，果实迅速生长期温度偏低，果实生长缓慢，发育瘦小，果肉松而汁少，品质降低。秋季日平均温度低于 15℃开始落叶，至霜降后落尽。枣树不但能耐受 40℃的高温，休眠期中也有很强的耐寒力，而且能够耐受冬季 -35～-26℃的绝对低温。

需要说明的是，物候期的早晚除与温度有关外，还与树龄、树势、芽体营养水平等有关。如丰产期的同一株树上，枣股萌芽最早，枣头顶芽次之，侧芽萌发较晚，相差 3～5 天。1～3 龄的幼树枣头顶芽萌发早于枣股和侧芽。老树更新枝萌芽较早。

（二）降　水

枣树抗旱耐涝，适应力较强。年降水量不足 100 毫米也能正常生长发育，但以年降水量 400～700 毫米较为适宜。不同生长期对水分的要求不同，花期和果实发育前期要求较高湿度，授粉受精需要空气相对湿度达到 75%～85%。此期空气干燥，则影响花粉发芽和花粉管伸长，导致授粉受精不良，加重落花落果。果实成熟期要求少雨多晴天气，如阴雨连绵，则易引起落果、裂果和烂果，降低品质和商品价值。因此，花期和幼果期遇旱必须采取灌水、喷水等措施。枣树很耐涝，枣园积水不超过 2 个月，枣树不会因涝致死。但雨水过多，园田积水，会造成根系窒息，影响树体生长。

（三）光　照

枣树喜光性强，光照强度和日照长短直接影响枣的产量和品质。据对树冠内各部位结果状况及树冠各方位结果力的调查，树冠顶部、外围和南侧的枝条受光充足，比树冠内膛和北侧的枝条发育好、结果多。栽植过密造成树冠郁闭或生长在山阴坡，影响分生侧枝，枣头和枣股生长发育不良，叶小而薄、色浅，成无效枝叶，花而不实，久之枯死。因此，充足的光照才能使植株生长健壮，达到优质丰产。

（四）风

三级以下小风有利于调节园内温度和湿度，促进蒸腾作用，有利于光合作用和呼吸作用，有利于生长、开花和授粉。枣抗风力较强，尤其在休眠期抗风力很强。但枣树花期遇大风会影响授粉受精，导致大量落花落果；果实发育后期，尤其是成熟前遇 5～6 级及以上大风，则易造成大量落果，甚至造成断枝和骨干枝劈裂。

（五）土壤和地势

枣对土壤条件要求不严，抗盐碱、耐瘠薄，在 pH 值为 5.5～8.5 的酸性土壤、碱性土壤上均能生长，对沙土、黏土都能适应。因此，山地、平原、河滩、沙地均有枣树分布。但一般在肥沃深厚的微碱性或中性沙壤土生长最好，产量高且品质好，植株寿命也最长。

地势和地形通过影响温度条件和光照条件从而影响枣树的生长发育和果实品质，一般丘陵和山地光照条件比较好，果实品质也高于平地，干枣含糖量相对也较高。

第三章
良种选择

枣属于鼠李科（Rhamnaceae）枣属（*Zizyhus Mill*）植物，该属在全世界约有100多个种，主要分布在亚洲和美洲的亚热带和热带、非洲和南北半球的温带地区。我国枣树栽培历史悠久，品种资源丰富。据调查，我国现有枣树品种700余个，其中绝大多数为地方品种。这些品种根据用途可以划分为鲜食、制干、加工、兼用和观赏品种。

一、主要种类

（一）酸 枣

原产我国，古时候也称为棘或野枣，在我国北方分布较多，南方也有少量出现。酸枣为灌木、小乔木或乔木，株高 2.5 米左右，最高可达 30 米以上。树势较强。枝、叶、花的形态与普通枣相似，但枝条节间较短，托刺发达，除生长枝各节均具托刺外，结果枝托叶也成尖细的托刺。叶小而密生。果小，多为圆或椭圆形；果皮厚、光滑、紫红色或紫褐色，味大多较酸。核圆或椭圆形，核面较光滑，内含种子 1～2 枚，种仁饱满可作中药。其适应性较普通枣强、花期很长，可为蜜源植物。果皮红色或紫红色，果肉较薄、疏松，味酸甜。落叶灌木或小乔木，高 1～4 米；小枝呈"之"字形弯曲，紫褐色。酸枣树上的托叶刺有 2 种，一种直伸，长达 3 厘米，另一种常弯曲。叶互生，叶片椭圆形至卵状披针形，长 1.5～3.5 厘米，宽 0.6～1.2 厘米，边缘有细锯齿，基部 3 出脉。花黄绿色，2～3 朵簇生于叶腋。核果小，近球形或短矩圆形，熟时红褐色，近球形或长圆形，长 0.7～1.2 厘米，味酸，核两端钝。花期 6～7 月份，果期 8～9 月份。

酸枣的营养价值很高，也具有药用价值。酸枣作为食品，去果肉枣仁还是中药材，如江苏长美花卉的酸枣，太行山上野生较为普遍。

（二）大　枣

别称枣子、刺枣，贯枣。鼠李科枣属植物，落叶小乔木，稀灌木，高达 10 余米，树皮褐色或灰褐色，叶柄长 1～6 毫米，或在长枝上的可达 1 厘米，无毛或有疏微毛，托叶刺纤细，后期常脱落。花黄绿色，两性，无毛，具短总花梗，单生或密集成腋生聚伞花序。核果矩圆形或长卵圆形，长 2～3.5 厘米，直径 1.5～2 厘米，成熟时红色，后变红紫色，中果皮肉质、厚、味甜。种子扁椭圆形，长约 1 厘米，宽 8 毫米。生长于海拔 1 700 米以下的山区、丘陵或平原。广为栽培。本种原产中国，现在亚洲、欧洲和美洲常有栽培。枣含有丰富的维生素 C、维生素 P，除供鲜食外，常可以制成蜜枣、红枣、熏枣、黑枣、酒枣及牙枣等蜜饯和果脯，还可以作枣泥、枣面、枣酒、枣醋等，为食品工业原料。枣有许多变种，具体有以下 4 种。

1. 无刺枣　有长枝（枣头）和短枝（枣股），长枝"之"字形曲折。又名大枣、红枣，枣头一次枝、二次枝上无托刺，或具有小托刺且容易脱落，为我国枣树主要的栽培树种。

2. 龙须枣　因其枣头、二次枝和枣吊皆卷曲不直，似龙爪状，故得名，散见于北京各枣园和居民庭院，故宫博物院中也有栽植。为鲜食、制干兼用型品种，但果实品质不好，主要的用途是作观赏树种。

3. 葫芦枣　也称猴头枣，由长红枣变异而来。果实为长倒卵形，果重 10～15 克，从果顶部与胴部连接处开始向下收缩呈乳头状，既似倒挂的葫芦，又似小猴缩脖而坐，因此得名。果面光滑，果皮褐红色，生长强旺，在生产上占比例很小，仅供观赏用。

4. 宿萼枣　又名柿蒂枣、柿顶枣。果实基部有萼片宿存，初为绿色，比较肥厚，随着果实的发育逐渐变为肉质状，后期变成暗红色，外皮硬，肉质柔软，但口感差、无味，可供观赏。

（三）毛叶枣

又称印度枣、台湾青枣。因其产于印度，故名印度枣，又因其果形酷似苹果，因而毛叶枣又名"热带小苹果"。常绿小乔木或灌木，过去由于缺乏优良栽培品种，致使该果树推广种植面积较少。近年来，由于新的优良品种的选出，台湾发展较快，面积已达数千公顷，是一种速生、丰产、优质的毛叶枣树，其嫁接苗于 3～4 月份定植后当年即可开花结果，单株当年可挂果 10～20 千克，栽培 3 年以上的单株产量可达 100 千克以上。

此外，还有蜀枣、大果枣、山枣、小果枣、球枣、毛果枣、褐果枣、毛脉枣、无瓣枣和滇枣等。

二、鲜食优良品种

（一）冬枣

又名冻枣、苹果枣、冰糖枣、雁过红、果子枣、水枣。主要分布在山东省德州、聊城、惠民地区和济南一带，河北省黄骅、盐山等地也有分布，历史上多零星种植。近年来在全国大面积推广。果实近圆形，平均单果重 10.7 克，大小不均匀。果皮薄而脆，赭红色，果面平滑。果肉绿白色，肉质细嫩松脆，味甜，汁液多，品质极上等，可食部分 94.67% 左右。核较小，短纺锤形，含仁率高，种仁较饱满，多为单仁，也有双仁，可作育种亲本。树体中等大，树姿开张。10 月上中旬脆熟。结果较早，在产地一般嫁接苗栽后第二年开始结果，第三年就有一定产量，产量中等而稳定。

该品种适应性强，耐盐碱，耐粗放管理，丰产稳产。果实生育期长，成熟晚，适宜在北方年平均温度 11℃ 以上的地区种植。

（二）临猗梨枣

原产自山西省南部的运城、临猗等地，历史上多零星栽培，近年来在全国栽培面积逐渐扩大。果实特大，长圆形或近圆形，单果重 30 克左右，大小不均匀。果肉白色，肉质松脆，较细，味甜，汁液多，品质上等，可食部分 96% 左右。结果早，嫁接苗部分植株当年可少量结果，第二年可普遍结果，第三年进入盛果期。树势中等，发枝力强，适应性强。在全国宜枣地区均可栽植。北方枣区鲜食和加工蜜枣兼用，南方枣区以加工蜜枣为主。

该品种抗枣疯病能力弱，易裂果，成熟期落果严重，需适时分期人工采收。

（三）孔府酥脆枣

又名脆枣、铃枣。由山东省果树研究所枣树研究组从山东省枣树品种资源中发掘筛选的优良鲜食品种。果实中等大，长圆形或圆柱形，单果重 7～8.5 克，大小较均匀。果皮中等厚，深红色，果面不平滑。果肉乳白色，肉质松脆，较细，甜味浓，汁液中等多，品质上等，可食率 92.55% 左右。结果早，坐果率高，丰产性强。树势较强，叶片大，长卵形，深绿色，质地厚，有光泽。

该品种适应性强，果实成熟较早，一般年份裂果极少，丰产、稳产，适宜在北方地区栽培，是发展前途较好的中早熟鲜食品种。

（四）无核脆枣

由山东省枣庄市薛城区园艺研究所从当地无核枣树单株中选育的优良株系。果实长圆形，果面平整，平均单果重 16.9 克，大小较整齐。果皮中厚，色泽鲜红，有光泽，不裂果。果肉黄白色，质地致密，汁液中等多，味甜，鲜食，品质上等。核退化或革质，可食率近 100%。树势中庸，树姿开张，发枝力强。9 月中下旬果实成熟。耐瘠薄，能够在 pH 值为 5.5～8.2 的条件下正常生长，在土壤含盐量 0.4% 的条件下仍能生长。进入结果期较早，果实甜脆可口，无核，宜鲜食，具有较高的开发价值。

（五）早 脆 王

由河北省沧县在 1988 年做枣树资源普查时发现的优良单株，1989 年开始在该县枣良繁基地对其进行保存和栽培研究，后经同行专家鉴定，命名为早脆王。

果实卵圆形，平均单果重 25 克，整齐度高。果皮光洁，鲜红。果肉酥脆，甜酸多汁，脆嫩爽口，有清香味，品质佳，可食率96.7% 左右，树势中强。9 月初果实进入脆熟期。

该品种抗旱、耐涝、抗盐碱、耐瘠薄，进入结果期早，丰产，无大小年结果现象，是优良的大果早熟鲜食品种。

（六）大 白 铃

由山东省果树研究所在 1982 年从山东省夏津县李楼村选育出的优良单株，1999 年通过山东省农作物品种审定委员会审定并命名。果实近球形或短椭圆形，特大果略扁，平均单果重 28 克，最大果重 80 克，果形美观，大小较整齐。果面不平滑，有不明显的凹凸起伏。果皮较厚，棕红色，富光泽。果肉松脆，汁中多，酸甜适度，品质上等。树势中庸，干性较强，发枝力中等。幼树结果早，适于城郊密植栽培，果实生育期约 95 天，比梨枣早上市 15 天左右，是中早熟的优良品种。

该品种对土壤适应性强，耐旱、耐热、抗寒、抗风，较抗炭疽病和轮纹病，裂果轻。幼树结果早，丰产稳产，花期能适应较低的温度，日平均温度 21℃以上可正常坐果，为广温型品种。

（七）京枣 39

京枣 39 是北京市农林科学院林果研究所从北京城区居民四合院中栽培的古枣树中选育出来的鲜食大枣品种。果实特大，圆柱形，平均单果重 28.3 克，最大果重 45.1 克，果面平整皮薄，有光泽，质地脆，落地易碎，果点小、黄褐色、不明显、分布稀疏，果肉绿白色。总糖达 21.7%，可溶性固形物 25.4%，每 100 克含维生素 C 276 毫克，可食率 98.7%，制干率达 35%，干枣肉厚，品质上等，鲜食、制干品质均上等。树势开张健壮，树干挺直。抗旱、抗寒、耐瘠薄，抗虫、抗病性较好，适应性强，坐果较稳定，产量高。果实生长期 95～110 天，在北京地区果实 9 月中下旬成熟。

（八）蜂蜜罐枣

该品种主要分布在陕西渭南的大荔、富平、蒲城和杨凌，三门峡的陕县，山西临汾和榆次，以及北京、新疆、甘肃、浙江和云南等地。果实中等偏小，近圆形，平均果重 7.7 克，最大果重 11 克，大小整齐。果皮薄，鲜红色，有光泽，果点小、圆形、密布，果肉绿白色，质地细脆，汁液较多，可溶性固形物 25%～28%，可食率93%，品质中上等，果实生长期 85～90 天。该品种适应性强，沙质土和黏质土均可生长，树势强壮，发枝力中等，结果早，产量高且稳定，少裂果，不烂果，抗逆性强，在我国南北方均可栽培。

（九）大 王 枣

也称大蜜王枣、桐柏大枣，属于巨型鲜食品种。平均单果重 50 克，最大果重 70 克，因此得名"大王枣"。果核小，肉厚皮薄，色泽鲜红，脆甜多汁，含糖量高，含糖量高达32.26%，干果含糖85%，富含维生素C，营养价值极高。大王枣适应性特别强，山地、丘陵、平原、沙土、壤土、黏土等均可栽种，在排水良好、阳光充足的地方，一般都能使果实着色良好，糖分大量积累。

（十）酥　枣

主要分布在河南省新郑、密县、内黄县等地，因果实酥脆而得名，是从当地的脆枣中选育出的优良单株，经过培育而成。果实广圆形，果顶圆，平均单果重15克，最大单果重32克，果皮薄，肉质细而酥脆，多汁液。结果早，丰产性高。该品种树体较矮化，可进行密植栽培、保护地栽培或盆栽。当年嫁接，当年即可结果，是投产最早、见效最快的品种。抗旱、耐瘠薄。

（十一）六 月 鲜

六月鲜是山东省果树研究所从地方稀有古树中选育出来的特早熟枣树优良鲜食品种，其白熟期在农历六月，故称为六月鲜。果实长椭圆形，大小整齐，平均果重13.6克，最大果重19.8克，果皮较厚，白熟期白绿色，着色后呈紫红色，光亮鲜丽。果肉质细松脆，汁液较多，较甜，白熟期可溶性固形物含量达24%；全红时，可溶性固形物含量达34.5%，可食率96.1%，品质上等。适应性强，在砾质土和黏壤土中均生长良好，极少受炭疽病、溃疡病的危害。果实比较抗裂。

（十二）芒 果 枣

芒果枣是山东省泰安市选育出来的鲜食枣果品种，因其外形酷似芒果，果肉带有芒果清香，故得名。果实个大，呈长椭圆形或长卵形，最长枣果7厘米，平均果重25.8克，最大果重32.1克，果肉厚，乳白色，质细松脆，汁液多，成熟后枣果深红，成熟期可溶性固形物约23.5%，含糖量30%左右，味甜，稍带酸味，成熟期遇雨不裂果。成熟期较晚，比其他枣品种晚 30～40 天，耐贮藏。采果后，果实不做任何保鲜处理的情况下，可存放 1 个多月。抗寒、抗旱、耐瘠薄、抗盐碱，可矮化密植栽培，当年可挂果。生长期 120～130 天。

（十三）台湾大青枣

又称台湾甜枣，学名是毛叶枣。原产于印度热带地区及我国的云南省，后引入我国台湾，经过品种选育成为经济栽培品种。近年来，该品种引入大陆地区，在我国大青枣的种植面积逐步扩大。果个大，肉厚，可食率达 95%；外形美观，营养丰富，果皮光滑鲜绿，味清甜多汁，耐贮藏，产量高，结果早，丰产。果实不仅可以鲜食，也可加工制作枣干、枣脯、果酱、饮料等。该品种适应性强，栽培管理较容易。

三、制干优良品种

（一）相　枣

又名汞枣。原产自山西省运城市北相镇一带，故名"相枣"。传说古代被作为贡品，因而又名"贡枣"。属当地主栽品种，据县志记载，已有 3 000 余年的栽培历史。果实卵圆形，平均单果重 22.9 克，大小不均匀。果皮厚，紫红色，果面光滑，富有光泽。果肉厚，绿白色，肉质致密，较硬，味甜，汁液少。干枣品质上等，制干率 53% 左右。树势中庸或较强，树体较大，树姿半开张。

该品种适应性强，成熟期遇雨裂果轻，可在北方宜枣地区重点推广种植。

（二）灵宝大枣

又名灵宝圆枣、屯屯枣、疙瘩枣。果实扁圆形，平均单果重

22.3 克，大小较均匀。果皮较厚，深红色或紫红色，有明显的五棱突起，并有不规则的黑斑。果肉厚，绿白色，肉质致密，较硬，味甜略酸，汁液较少。品质中上等，适宜制干和加工无核糖枣，制干率 51% 左右。在原产地生长、结果和果实品质表现良好。在异地栽培产量较低，适宜在原产区和类似生态区栽培。

（三）扁核酸

又名酸铃、铃枣、鞭干、婆枣、串干。果实椭圆形，侧面略扁，平均单果重 10 克，大小不很均匀。果皮较厚，深红色，果面平滑。果肉厚，绿白色，肉质粗松，稍脆，味甜酸，汁液少，适宜制干和加工枣汁，制干率 56.2% 左右。结果较迟，定植后一般第三、第四年开始结果。

该品种适应性强，在北方宜枣地区均可栽植。

（四）婆 枣

又名阜平大枣、曲阳大枣、唐县大枣、行唐大枣等。果实长圆形或葫芦形，侧面稍扁，平均单果重 14.3 克，大小较均匀。果皮厚，深红色，果面不平。果肉厚，浅绿色，肉质硬而较粗，味甜，汁液中等多，适宜制干。品质中等，制干率 47.5% 左右。

该品种适应性强，结果早，抗裂果，抗枣疯病，采前落果极少。适宜在北方年平均温度 10℃ 以上地区栽植。

（五）赞新大枣

果实倒卵圆形，平均单果重 24.4 克，大小不很整齐。果皮较薄，棕红色。果肉绿白色，致密，细脆，汁液中多，味甜，略酸，可食率 96.8% 左右，适宜制干，制干率 48.8% 左右，品质上等。

该品种适应性强，较抗病虫，结果早，产量高而稳定，管理简便。适宜在秋雨少的地区发展。

（六）圆铃枣

又名紫铃、圆红、紫枣。盛产于山东省聊城、德州地区。果实近圆形或平顶锥形，侧面略扁，大小不太整齐。果面不很平，略有凹凸起伏。果皮紫红色，有紫黑色点，富有光泽、较厚，韧性强，不裂果。果肉厚，绿白色，质地紧密，较粗，汁少，味甜，制干率60%～62%，鲜食风味不佳。树体高大，树姿开张。

该品种对土壤、气候的适应性均强，树体强健，耐盐碱和瘠薄。产量高而稳定，不裂果，干制红枣品质上等，耐贮藏，可在多数地区发展。

（七）长条枣

该品种主要分布在陕西东北部地区，果实呈圆柱形，平均单果重 17.7 克，最大单果重 26.6 克，果个大小不均匀，果肉致密，汁液较少，味较甜，稍带酸味，可溶性固形物达 28.5%，适于加工干制品。10 月上中旬成熟，不裂果，果实成熟期约 120 天。

（八）郎　枣

该品种主要分布在山西太谷、祁县等地。果实偏大，扁柱形，大小均匀，单果平均重 13.1 克，最大单果重 18.5 克，果面光滑，皮较厚，红色，果点小而明显，果肉厚，白绿色，质地较脆，汁液多，味甜。果实品质适中，制干率 67%。树体干性强，树冠圆头型，树体高大，耐旱耐涝，抗病虫害，较适于丘陵山地栽培。

四、兼用优良品种

（一）金丝小枣

原产自山东省、河北省交界处，栽培历史悠久。果实晒至半干时，掰开果肉，黏稠的果汁可以拉成 6～7 厘米长的金色细丝，故名金丝小枣。果实因株系而异，有椭圆形、长圆形、鸡心形、倒卵形等，平均单果重5克。果皮薄，鲜红色，果面光滑。果肉厚，乳白色，质地致密、细脆，味甘甜微酸，汁液中等多，品质上等，制干率55%～58%，适宜制干和鲜食。干枣果形饱满，肉质细，富弹性，耐贮运，味清甜，可食率95%～97%。

树结果较迟，根蘖苗一般第三年开始结果，10年后进入盛果期。坐果率高，较丰产，产量较稳定。该品种适应性较强，成熟期较晚，适于北方年平均温度9℃以上的地区栽培。

（二）赞皇大枣

又名赞皇长枣、赞皇金丝大枣。果实长圆形或倒卵形，平均单果重17.3克，大小较均匀。果皮中厚，深红色，果面光滑。果肉厚，近白色，肉质致密细脆，味甜略酸，汁液中等多，品质上等，适宜鲜食、制干和蜜枣加工，制干率47.8%左右。

结果较早，坐果率高，产量高而稳定。该品种适应性强，适宜在北方大部分地区特别是丘陵山区栽培。

（三）灰　枣

分布于河南省新郑、中牟、西华等县（市）和郑州市郊，栽植面积占当地枣树的80%。在新疆南部及江苏省南京引种表现良好。果实长倒卵形，胴部上部稍细，略歪斜，平均单果重12.3克，最大果重13.3克。果面平整。果皮橙红色，白熟期前由绿变灰，进入白熟期由灰变白。果肉绿白色，质地致密、较脆，汁液中多，可食率97.3%左右。适宜鲜食、制干和加工，品质上等，制干率50%左右。

该品种适应性强，结果早，丰产稳产，品质优良，但成熟期遇雨易裂果，适宜在成熟期少雨地区发展。

（四）骏　枣

原产自山西省交城县边山一带，为当地主栽品种之一，栽培历史悠久。果实圆柱形或长倒卵形，平均单果重 22.9 克，大小不均匀。果皮薄，深红色，果面光滑。果肉厚，白色或绿白色，质地细，较松脆，味甜，汁液中等多，品质上等，鲜食、制干、加工蜜枣和酒枣兼用。

抗逆性强，抗枣疯病力强，适应性广，丰产，品质好，用途广。果实成熟期较早，适宜在北方年平均温度 8～11℃的地区栽植。骏枣在新疆阿克苏地区表现良好，可作为新疆重点发展品种之一。在河南省新郑、河北省沧县等地表现不良。

（五）壶 瓶 枣

果实长倒卵形或圆柱形，平均单果重 19.7 克，大小不均匀。果皮薄，深红色，果面光滑。果肉厚，绿白色，肉质较松脆，味甜，汁液中等多，品质上等，鲜食、制干、加工蜜枣和酒枣兼用，是加工酒枣最好的品种之一。

该品种适应性较强，丰产，产量较稳定，品质好，用途广，果实成熟期较早，适宜在北方年平均温度 8℃以上、成熟期少雨的地区栽植。

（六）敦煌大枣

又名哈密大枣、五堡大枣。果实近卵圆形，平均单果重 14.7 克，大小不整齐。果皮较厚，紫红色。果肉浅绿色，肉质致密，较硬，汁液少，味酸甜，稍有苦味。

该品种适应性强，抗寒、耐旱、抗病虫，结果早，丰产稳产。可鲜食、制干、加工蜜枣和酒枣等。但成熟期不抗风，易落果。是甘肃省河西走廊地区和新疆维吾尔自治区东部的优良鲜食、制干兼用品种。

（七）板 枣

原产山东等地，现在主要分布在山西，因其果型较扁，当地也称其为扁枣。果实中等大，扁倒卵形，上窄下宽。平均果重 11.2 克，最大果重 16.2 克，大小较整齐，果面不平整，果肉厚，绿白色，质地致密，口感脆，汁液多，甜味浓，含糖量 33.7%，可溶性固形物 41.7%，可食率 96.3%，果实可制干、鲜食、做醉枣。对气候条件适应性强，在山西、山东、河南、河北栽培时表现均良好，对土肥水条件要求较高，着色后容易落果。

五、观赏品种

（一）龙 枣

别名龙须枣、龙爪枣、蟠龙枣、龙头拐、曲枝枣。主要分布在山东省、河北省、山西省、陕西省、河南省、北京市等地，数量很少，多为公园、庭院和四旁零星栽培。树势较弱，树体较小，枝条密，树姿开张，枣头紫褐色，弯曲或蜿蜒曲折，或盘圈生长，犹如龙舞，托叶刺不发达。二次枝生长弱，枝形弯曲。枣股小，抽生枣吊能力中等，枣吊细而长，弯曲生长。叶片小，卵状披针形，深绿色。花大，花量少，昼开型。果实小，细腰柱形，平均单果重 3.1 克，大小较均匀。果皮厚，深红色，果面不平，中部略凹。果肉厚，绿白色，质地较硬，味较甜，汁少，品质中下等或中等。

该品种适应性强，树体小，产量低，品质中下等，抗裂果，枝条弯曲，树形奇特，观赏价值高，可作为盆景和庭院观赏树栽培。

（二）胎 里 红

别名老来变。原产自河南省镇平的官寺、八里庙一带，数量极少。枣头紫褐色，枣股小，抽生枣吊能力中等或较强，枣吊长而较粗。叶片中大，卵状披针形，深绿色。花中大，花量多，昼开型。果实中大，柱形或长圆形，大小不均匀。果皮较薄，落花后变为紫色，以后逐步减退，至成熟前变为永红色，极为美观，成熟时变为红色。果面平滑，富光泽。果肉较厚，绿白色，肉质较松，味较淡，品质中下等。

该品种适应性强，结果稍晚，产量中等，果实色泽多变，有极高的观赏价值，可作为城市或庭院观赏树栽培。

（三）三 变 红

别名三变色、三变丑。分布在河南省永城市十八里、城关、黄口等地，为当地主栽品种之一。树势中等或较强，树体较大，树姿半开张。枣头紫褐色，枣股中大，抽生枣吊能力中等或较强，枣吊中长。叶片中大，卵状披针形，绿色。花较小，花量多，昼开型。果实大，卵柱形，平均单果重18.5克，大小均匀。果皮中厚或较薄，落花后幼果期紫色，随果实生长，色泽逐步减退，至白熟期呈紫条纹绿白色，成熟期变为深红色，果面平滑。果肉厚，绿白色，质地致密细脆，味甜，品质上等，适宜鲜食，也可制干和加工蜜枣。

该品种适应性强，结果较早，产量中等，鲜食品质好。落花后果实生育期色泽多变，观赏价值高，可作为鲜食兼观赏品种发展。

（四）茶 壶 枣

原产自山东省夏津、临清等地。树势中等或较强，树体中大，树姿开张。枣头紫褐色，长势强，木质较松。枣股较小，抽生枣吊能力中强，枣吊粗而长，部分枣吊有副吊。叶片大，深绿色。花较大，花量多，昼开型。果实中大或较小，大小不匀，果形奇特，肩部常长出1至数个肉质凸起，高出果面5毫米左右，有的在果实肩部两面各长1个肉质凸出物，形似茶壶的壶嘴和壶把。果皮厚，紫红色，果面不平滑。果肉中厚，绿白色，质地较粗松，味甜略酸，品质中等。可制干。

该品种适应性强，结果早。果形奇特，观赏价值高，可作为庭院观赏树栽培。

（五）磨 盘 枣

又名葫芦枣、磨子枣。分布于山东省乐陵、河北省献县、陕西省大荔、甘肃省庆阳等地。树势中等或较强，树体较大，树姿开张。枣头紫褐色，枣股大，抽生枣吊能力较强，枣吊中长、较粗。叶片较大，宽披针形，深绿色。花大，花量多，昼开型。果实中大，磨盘形，果实中部有一条缝痕，形如磨盘，平均单果重 7 克，大小较均匀。果皮厚，紫红色。果肉厚，绿白色，质地粗松，甜味较淡，汁少，品质中下等。

该品种适应性较强，产量较低，品质中下等，果形奇特，抗裂果，具有较高的观赏价值，可作为庭院观赏树栽培。

（六）辣 椒 枣

又名长枣、脆枣、奶头枣。主要分布在山东、河北交界的临清、武城、深县、衡水、成安、夏津等地，由山东果树所选育。果实形似辣椒，故得名。平均单果重 13.7 克，最大单果重 23 克，大小均匀。果皮厚，深红色，果面不平滑。果点小而圆，分布密，浅黄色，很明显。果肉厚，白绿色，肉质致密细脆，味甜，适宜鲜食和制干，制干率可达 50%。该品种树体高大、直立，树冠为伞形，结果晚，但产量较高且比较稳定，适应性强，抗风、抗旱、抗涝、耐盐碱。成熟期遇到阴雨天气裂果较严重。一般 10 月上旬果实成熟，果实发育期为 110 天左右。

此外，还有一些其他用作盆景的枣类，如盘龙枣等。

第四章

苗木繁育

一、繁殖方法

枣树的繁殖方法很多，生产上常用的主要是根蘖分株繁殖和嫁接繁殖2种。

（一）根蘖分株

枣树根系发达，距离地面20～40厘米处，水平根很容易产生不定芽而萌发根蘖苗，利用枣树的这种自生根蘖的特性，进行分株繁殖。培育根蘖苗的方法主要有开沟育苗和归圃育苗2种。

1. 开沟育苗 在实行枣粮间作的地区，间作物田间作业时，经常会损伤一些浅土层的枣根，这样加大了根蘖的发生量。有时往往在一个伤口处长出数棵甚至十余棵幼苗，呈丛生状态。利用枣树的这一习性，枣区群众利用开沟断根进行育苗。通常选择结果的大树或30～50年生老枣树开沟育苗，并且要求无传染病虫害危害（尤其是无枣疯病）、树势健壮、品种优良。

开沟的时间一般在枣树落叶后至土壤封冻前（10月上中旬），或翌年枣树发芽前及发芽期（4月上中旬）。在树冠外围（距基干2米）挖宽30～40厘米、深40～60厘米的环形沟或直沟，长度以树冠大小而定，片林可以顺行开沟。遇有直径6厘米以上的根不要切断，切断后会伤害母树，又不易起苗。通过挖沟切断直径2厘米以下的小根，并削平断面，回填湿土，促使根蘖发生。当根蘖苗长至30厘米左右时，在距沟30厘米左右靠近树干的一侧，挖第二条沟，这样可切断根蘖苗与母树的联系，促使根蘖苗侧根的发生。为了促进根蘖苗的生长，在挖第二条沟的同时，结合填平第一条沟进行追肥、灌水。枣树断根后，萌生出许多幼苗，呈丛生状，应及时疏除多余嫩芽，即疏除丛生株和过密株，去弱留强，每丛留1～2株，平均单株株距为30厘米。经过细心管理，根蘖苗当年就可以高达100～120厘米，并带有4～5条侧根，达到出圃标准。

注意避免在同一片枣园内连年开沟育苗，否则会明显削弱母树树势，影响产量。

2. 归圃育苗 又叫自然根蘖苗育苗法。大的枣树，特别是一些衰老枣树的周围每年都会萌生一些根蘖苗，但自然萌生的根蘖苗，只有拐子根，侧根很少，定植成活率不高，并且根蘖苗分散，管理极不方便。归圃育苗是将枣园里零星分散的自然萌生或断根培育的根蘖苗，按合理的密度集中移植至苗圃进行集中培育的方法。采用归圃法集中培养1～2年，养成大苗和壮苗后再出圃。这样，既避免了枣园耕翻和中耕造成根蘖苗的损伤和浪费，又培育了根系发达、枝干粗壮的优质苗木。这也是各地枣产区普遍采用的传统枣树繁殖方法。

（1）**收集根蘖苗** 一般在发芽前或秋季落叶后进行归圃移植。先从枣园、田边地埂挖取、收集零星散生的根蘖苗。起苗时要带一段长15～20厘米长的母根（群众称之拐子根）及全部须根。

（2）**平茬分级** 为了确保苗木生长整齐一致，要将待归圃的根蘖苗按强弱、大小分级，并在根茎上5厘米处剪截（俗称平茬），丛生的要剪成单株。苗木分级后，按苗木大小置于预先挖好的贮苗坑中埋好备用，育苗时随栽随取，以免失水。分级后的栽植也要便于管理和使用。

（3）**整地做畦** 用于育苗的圃地，最好选择地势平坦、无盐碱、能排能灌的肥沃沙壤地块。栽前要施足基肥，每667米^{2}施有机肥 2 000～2 500 千克，深耕细耙。如土壤过干，可先灌地造墒，然后再进行耕翻，使土壤不出现硬坷垃，土壤含水量在 70% 以上（只有这样，栽植时才能埋严盖实，即使不马上灌水，也不会降低成活率）。通常每畦 2 行，可根据栽植行距要求整地做畦。

（4）**归圃栽植**　按株距 20～40 厘米、行距 60～100 厘米栽植到苗圃里。定植沟深、宽各 40 厘米。归圃苗最适宜的栽植深度为比原来土表部位深 1 厘米。栽植太深，以后生长不旺；栽植过浅，根系接近地表易失去水分，影响成活率。为提高栽植的成活率，可应用 ABT 生根粉处理苗木，把 ABT 生根粉 3 号配成 500 毫克/千克溶液，然后把待栽枣树根蘖苗的根系在溶液里浸泡 3～5 分钟，或把 ABT 生根粉 3 号配成 1 000 毫克/千克溶液，喷湿苗木根系，然后进行栽植。

有些地区为了解决养苗和粮食生产的矛盾，群众采用夏秋归圃法，既不误夏播秋种，又利于枣苗生长。夏季挖苗要带全根，留叶要适量，栽后勤灌水，管理要跟上。

在利用自然根蘖法育苗时，一定要注意及时定苗，疏除多余的和质量差的苗。枣树根蘖苗的质量与出苗的部位有密切的关系，一般离母树主干越近，着生在母树粗根上的根蘖苗质量越差。离母树主干较近的根蘖苗虽然地上部分生长旺盛，但主要靠母树根系提供的营养生活，自身生根能力弱，须根不发达或无须根。因此，定植时成活率较低，在起苗时对母树根系的损伤也较重。而离母树主干较远、着生于细根上的根蘖苗，由于母树供应的营养不足，要自己生根吸收一部分营养，这类根蘖苗地上部分虽不如前者旺盛，但须根较多，移栽成活率一般可高达 90% 左右，质量较好。另外，离母树较远的细根上生长出的根蘖苗，由于生长缓慢，故枝干较为充实，移栽后生长快，结果早。因此，在利用分株法繁育枣树苗木时，应尽量培养离母树较远的根蘖苗，对树冠下的根蘖苗则应及早铲除。

分株繁殖操作简便，成活率高，又能保持母本枣树的优良特性，成本低，是各个主产区发展枣树的主要手段。但也有一些明显的缺点：一是出苗量少，1株母树上常年繁殖苗木的数量仅为几株至十几株，每667米²产苗量在几百株以内，育苗量有限。二是苗木不整齐，因当年生根蘖苗主要靠母树提供养分，由于各根蘖着生部位的不同、根系的强弱程度不同，所以出苗后表现出大小、粗细差别较大，一些苗木自生根数量不多或根系发育不良。

（二）嫁　接

枣树嫁接繁殖，不仅可以充分利用野生资源作砧木，而且能够选择优良栽培品种单株采集接穗，这样不仅能保持其原有的优良特性，而且结果早、果个大、品质好，是一个比较好的繁殖方法。

1. 砧木培育　常用的砧木有本砧和酸枣砧。生产上常用酸枣砧，本砧嫁接用得很少。

酸枣在河北、河南等很多省份都有广泛分布，资源极其丰富，根蘖繁殖力强，同时酸枣抗逆性强，种仁大，易萌发，成苗率高，便于大量繁殖优质枣苗、扩大枣树栽培的范围。如河北省赞皇大枣产区，一直沿用此方法，用酸枣作砧木，嫁接后易于成活，比枣树根蘖苗生长快、抗性强、结果早，一般坐地苗嫁接后当年或第二年开始结果，3～5年就有一定产量。

培育砧木苗有2个途径：一是利用酸枣根蘖苗就地嫁接或归圃培育后嫁接。就地嫁接时砧木苗一定选择在土层比较深厚、立地条件较好的地方。在海拔1000米以上或开花期温度达不到25℃时，不宜嫁接和栽植枣树。二是利用酸枣种子培育实生苗，可以用于优良品种的大量繁殖。

（1）酸枣种子沙藏处理　采摘充分成熟后的酸枣果实，浸泡待其膨胀后搓去果肉，洗净去杂，充分阴干后进行层积贮藏。加水沤泡3～4天，搓碎、漂净皮肉和浮核，将种核晾干，暂贮至12月中旬进行沙藏处理。沙藏前用清水将种核浸泡两昼夜，使种核充分吸水。

选择地势高、排水良好、背阴的地方挖沟，深60～80厘米，宽度和长度随种子数量而定。沟底先铺1层10厘米厚的湿沙，中间插一把秸秆以通气，若种子多时，隔1.5米距离再插一把秸秆。将种子、湿沙按1∶3～5的体积比例混匀，堆放坑内。沙的湿度以手握成团不出水、松手一触即散为宜。堆到距地面20厘米左右时，再覆一层湿沙至地面，然后覆少许土成屋脊形，最后用木板、草席封盖沟面，以防雪水、雨水进入沟内。

沟内温度最好保持在0～5℃，贮藏期间要定期检查，以防种子霉烂。种核沙藏时间应在80天以上，通常翌年3月下旬，沙藏的种核逐渐开裂，露出白色胚根，即可取出进行播种。生产上可在播种前1～2周检查种子，若种子尚未露白，需取出混沙堆放在向阳背风的地方催芽，适当洒水，每2～3天翻动1次，使温度和湿度保持均匀一致，当30%种子露白时即可播种。

（2）快速催芽处理　对于没有沙藏的种子，可以采用快速催芽处理打破休眠。

①**方法一**　将酸枣核放在冷水中浸泡2～3天，让酸枣核充分吸水，然后取酸枣核体积1/2的沙子，与酸枣核搅拌均匀，装入透明的塑料袋中，放在太阳下暴晒，使袋中的酸枣核充分吸热，必要时还要将袋中枣核倒出进行搅拌，使之受热均匀。如此白天晒、晚上拿到房里保温，待4～5天后，酸枣核就会裂口露出芽，此时便可播种。需要注意的是，此种办法开始的时间应掌握在下种前10天进行。

②**方法二**　从枣核中取出枣仁，放在25℃的温水中浸泡一昼夜，捞出放在筐里，用湿布蒙盖，种子的温度保持在24℃左右，每天用25℃的温水冲4次，3天后大部分枣仁发芽，第四天即可播种。此种方法取仁比较费时。

（3）播种　生产上通常在春季（4月中下旬）播种。可于采种当年的10月下旬至11月上旬进行秋播，使种子在田间越冬，这样可以免去种子沙藏处理，但出苗情况不易掌握。

酸枣种子砧苗多二次枝和托刺，为便于田间管理和嫁接操作，播种采用畦内双行穴播方式。双行间距 70 厘米、双行内距离 30 厘米、株距 15 厘米。由于酸枣核出苗率低，无论是酸枣核还是核仁，在下种前都应该做发芽率试验，根据发芽率确定下种量。穴深 10 厘米，每穴播种通常 2～3 粒，每 667 米² 播种量 5～7.5 千克。播种覆土厚度不宜超过 2 厘米，播种后及时镇压并覆地膜保墒。

（4）**砧木苗期管理**　在覆膜的情况下，通常播种后 10 天左右开始出苗，苗木出土后应及时打孔通风，打孔时间宜在上午 10 时以前或下午 4 时以后。通风 2 天后，待小苗露出再用土将小苗围一圈地膜盖严，以保持土壤温度和防止水分蒸发。而未覆膜的通常 20 天左右小苗陆续出土。苗高 3～5 厘米时，种子出苗基本结束，间苗工作即可进行，宜去弱留强、去密留稀，每穴选留 1 株，缺苗时可同时进行带土移苗补栽。苗高 20 厘米时，注意根据墒情及时灌水，并结合灌水追施氮肥 3～4 次。同时，中耕除草，松土深度随苗生长而逐渐加深，初次松土以 2～3 厘米为宜，以后随苗木生长可加深至 3～5 厘米。苗高 30 厘米时进行摘心，控制高度以促进加粗生长。

2. 嫁接时期与方法　接穗要在优良品系母树上采集，母树应该是生长健壮、无病虫害，尤其是无枣疯病危害的成年枣树。一般在母树外围采集发育良好的 1 年生枣头或 2～3 年生二次枝作接穗。

枣树嫁接可用多种方法进行。为了提高砧、穗的利用率，增加效益，嫁接时要根据砧木与接穗规格、嫁接季节等因素，灵活选用适宜的嫁接方法，或几种嫁接方法同时并用。

（1）**芽接**　生产上以嫩梢芽接和带木质部芽接为主，其他芽接成活率较低。有合适砧木的可用枣树花期嫩梢芽接。在接后 10～15 天检查成活情况，并将嫁接时绑扎的塑料条解开，未接活的要进行补接。接芽成活后 20 天左右，在接口上方 10 厘米处剪砧；当新梢长至 15～20 厘米时，在接口上方 1 厘米处进行第二次剪砧。当年育的砧苗通常会在 7 月份以后芽接，当酸枣砧木苗基茎长至

0.2厘米以上粗时进行，接芽用当年生枣头饱满芽或用枣头二次枝上的饱满芽。先从接芽的上方1厘米处下刀，向下削取2.5～3厘米长的梭子形芽片（带木质部），再在砧木距地面5～8厘米处找一光滑部位，自上而下削去与芽片大小相同的组织，然后芽片与砧木对接重合，用塑料布自上而下将接芽牢固地绑扎在砧木上。嫁接后的接芽当年不萌发，翌年3月中下旬取下所缠塑料布条进行检查，如接芽已成活，在芽上方1.5～2厘米处剪砧，并清除主干上的二次枝。

（2）枝接 枣树枝接可用劈接、插皮接和顶端嫩枝嫁接等方法。这些方法均能成活，只是在嫁接时期和接穗选用上有所不同。

①**劈接** 枣和酸枣木质纹理不顺，劈接技术要求较高，在4月下旬至5月上旬冬枣树萌芽时进行。接穗用1～2年生枣头或3～4年生二次枝均可，于冬枣落叶后至发芽前采集，用湿沙埋藏在阴凉湿润处。若作接穗蜡封处理要注意温度适当，免得烫伤。接穗长5～10厘米，带有1～2个接芽或结果母枝，削面长3～4厘米，要求平直光滑，枝皮紧贴木质部，不分离翘起。砧木粗度在0.5厘米以上，劈口长4～5厘米。插入接穗时，务必使接穗削面的皮层内缘与砧木劈口皮层内缘对齐，然后用塑料布条绑紧密封。通常嫁接后15～20天即可萌发。

②**插皮接** 也叫皮下接，在枣树嫁接上又叫袋接。它适用于接口直径0.8厘米以上的砧木和0.5～0.8厘米的接穗（1～4年生的枣头一次枝及二次枝均可作接穗，但以2～3年生枝为好）。适宜嫁接时间，从树液开始流动至9月初砧苗离皮期间都可进行。但实践证明，以4月下旬至5月下旬为嫁接最适期，过早，温度低，影响愈合组织生长，成活率低；过晚，虽能成活，但生长期短，苗木出圃率低。接后接穗萌条当年不能木质化的地区，要避免在8月上中旬以后嫁接，防止萌条冬季冻死。嫁接时，剪下的接穗应立即剪去脱落性枝和所有叶片，插入水中保存，以防失水干枯。然后将砧木接口以下分枝剪去砧梢，在迎风面枝上自剪口向下纵切一道接口，

长约 2 厘米，深达木质部。接穗要带有一个完整的结果母枝或正芽，从背面向下斜削长 3～5 厘米的斜面。削面要求平整光滑，不起毛刺，尖端皮层不松动，紧贴木质部，然后剥开砧木插入接口。要使接穗削面对着砧木木质部，尖端对正切缝，手指按紧砧皮切口慢慢插入，使接口紧密，然后绑紧接口，保证接穗在愈合过程中不松动。此法优点是嫁接时期长，易选接穗，成活率高，生长量大，操作简便，容易掌握。但要求砧木较粗，因此播种的酸枣砧苗一般要第二年夏季，甚至第三年春天才能嫁接。

③顶端嫩枝嫁接法　采用尚未木质化的发育枝，即幼嫩的枣头枝作接穗，嫁接时间从新枣头长到 15 厘米至枣头半木质化为止，华北地区从 5 月下旬至 7 月下旬，具体时间可根据实际情况分别对待，早接成活率高，有利于培养壮苗。

结合夏季摘心，选当年绿色健壮的新枣头，剪取 4 厘米长左右，随采随接。采后用湿毛巾包好，防止水分蒸腾。如需长途运输要求保持湿度，降低温度，以防止萎蔫与霉烂。在砧木上的幼嫩部位去顶后，用单面刀片纵切一刀，插入接穗。接穗剪取以 1 个接芽为宜，具体操作方法同春季劈接。用厚薄膜绑条将下部接口绑紧，除叶柄外，包严全部接穗。选迎风光滑的砧木枝面，用芽接刀切成"T"形接口，横口长 1 厘米，纵口长 2 厘米，深达木质部，然后将皮撬开。取嫩枣头接穗，在生长点以下的一侧下刀，削去粗度 1/3 长 2.5～3 厘米的大削面，再将背面下端削 0.5 厘米的小斜面，使接穗下端呈箭头形。将削好的枣头，大削面贴砧木木质部由上而下慢慢插入"T"字形口内，使削面上端与砧木横口对齐，枣头露在外面，然后用塑料条绑紧接口，防止透风干燥，注意不要勒挤损伤接穗，以免影响成活。接后 4 天如嫩枣头不萎蔫即已成活，如未成活继续嫁接。成活后，可将砧木在接口上方留 0.5 厘米锯掉，要求锯口由接口向背下方倾斜，并将毛茬用快刀削平，涂漆保护，以利于愈合。

3. 嫁接后的管理　嫁接后检查成活，及时抹除砧木的萌芽，剪除萌蘖，以减少水分、养分消耗和利于砧、穗愈合。若发现苗木未成活，则可及时补接。待接芽长至10～15厘米时，及时解除接口绑缚物。当接穗的新梢长至30～40厘米时，应绑桩固定支撑枣头，以防风折。当接芽大部分萌发后，注意加强前期肥水供应，前期以氮肥为主，后期追施磷、钾肥，注意中耕除草，防治病虫等。高接换头的枝条当年就能开花结果，但为了以后能更快地进入结果盛期，可酌情减少当年结果量，以树体营养生长为主。只有加强生产管理，才能实现当年播种、当年嫁接、当年成苗出圃，缩短枣树育苗周期，降低生产成本。

二、苗木出圃

在苗木地上部分停止生长前后，按苗木种类、苗龄分别调查苗木质量、产量，为做好苗木生产、供销计划提供依据。苗木达到标准规定的一级、二级苗木，可以出圃，三级苗木需继续培育。苗木出圃包括起苗、苗木质量分级、假植、包装和运输等工序。

（一）起苗与分级

已达到出圃规格的枣树苗木，一般在秋末落叶后至土壤封冻前，或早春解冻后至萌芽前起苗。起苗前应先做好准备工作，按不同品种分别做出标志，剔除杂苗，以防混乱。避免在大风烈日下起苗，如土壤过于干燥板结，应在起苗前1周先灌水，使土壤变得松软。起苗时要求根系完整，做到随起苗、随修剪、随分级、随假植。

枣树小苗通常是裸根起苗，最忌起苗后至定植期间根系风干。因此，在起苗数量较大时，应先购置足够的塑料薄膜，挖好蘸泥浆坑，和好泥浆，以便起苗后及时蘸泥浆、包塑料薄膜，防止根系干燥。

苗木起出以后，随即进行分级，并按一定数量捆成1捆，挂上标签，以便计量和搬运。目前，还没有枣树苗木的国家统一分级标准，但一些产区有自己的地方标准可作为参考。以下是河北省林业部门制定的地方分级标准。

1. 一级苗 苗高 100 厘米以上，基径 1 厘米以上；垂直根长 20 厘米以上，具有粗度 3 毫米以上侧根 5 条以上，根系无严重劈裂；整形带内，有健壮饱满主芽 5 个以上；嫁接部位愈合良好；无严重机械伤和病虫害。

2. 二级苗 苗高 80 厘米以上，基径 0.8 厘米以上；垂直主根 20 厘米以上，具有粗度 2 毫米以上侧根 5 条以上；整形带内，有健壮饱满主芽 5 个以上；嫁接部位愈合良好；无严重机械伤和病虫害。

（二）检 疫

苗木检疫是防止病虫传播的有效措施，特别是控制新生病虫害的扩散和传播，更要防止本地没有的病虫害种类由苗木带入本地。我国各地已成立了检疫机构。苗木在包装或运输前，应经国家检疫机构或指定的专业人员进产地检疫，符合要求的签发检疫证，然后方能外运。苗圃及有关人员必须遵守检疫条例，严禁引种带有检疫对象的苗木和接穗。如系国外引入的品种，须经隔离栽培，确定无特殊病虫害时，方可扩大栽培。

（三）假 植

苗木掘起后若不及时运出或运出后不能及时栽植时，为防止苗木抽干，应将苗木暂时假植起来，根据时间的长短，可分为临时假植和长期假植 2 种。不论是临时假植还是越冬长期假植，均应按枣苗的品种、级次分类进行。

在背风向阳、不积水的地方挖假植沟，沟深浅视苗木大小而定，以能斜埋苗高 1/3 为宜，一般深、宽各 40 厘米，长度视苗木数量多少而定。假植沟开好后便可假植，短期假植的，将成捆的苗木斜放沟内，放一排苗木，压一层沙或土，使根全封闭在沙（土）内，根部不能透风。较长时间的假植时，须将苗捆解散，逐株埋土为宜。假植用的沙或土不能太湿或太干，太湿时，苗木根部容易沤烂；太干，苗木容易脱水，需适当灌水，使根与潮土接触，若土不太干的可以不灌水。在假植前根部最好喷多菌灵杀菌，以防假植期间根部发霉。在假植期间要勤检查，以防湿度过大使根部霉烂，或过干而致苗木脱水死亡，严寒天气还需采取防冻措施。

（四）包装与运输

枣苗挖出后须防止根部干燥，特别是在远距离运输之前，必须进行包装。包装的方法是：主干保留 60～100 厘米截干，每 50 株或 100 株 1 捆，根部蘸泥浆，沥去余水后装入草袋，并用塑料薄膜包好，外套麻袋，以绳捆紧。每捆苗均应挂标签，注明品种、等级和数量。

当大批量运输时，也可整汽车包装。方法是先在车厢内铺宽 8 米、长为车身 3 倍的塑料薄膜，撒一层湿草，将成捆蘸过泥浆后的枣苗依次排放，直至装满，上面再覆湿草后将四周的塑料薄膜包严，盖好帆布，用绳捆紧。

第五章

枣优质高效栽培技术

一、园地规划与园土改良

（一）园地选择

园地选择关系着栽培的成功与否和经济效益的高低，果树生长周期长，因此更要慎之又慎。在进行枣园地点的选择时，应重点考虑以下几个方面。

建园地点的环境条件，要符合枣树及其所栽品种自身的要求。建立枣园前，应对当地的气候、土壤、降水量、光照和自然灾害情况，以及当地枣树的生长发育情况进行调查研究，做到适地适栽。一般在枣树适宜栽培区栽植，应主要考察所栽枣树品种在当地的适应性；在枣树栽培的次适宜区或不适宜区，要想发展枣树，应主要考虑园地所处环境，是否能满足枣树生长发育的基本条件，在小环境、小气候适宜的条件下也可建园。

建园地点的社会基础条件，包括生产资料、技术、交通、贮藏及市场环境等，这是在商品经济条件下必须考虑的内容之一，社会基础条件越好，栽培的成功率就越高，效益就越好。尤其是鲜食品种，不但要求集约化管理的条件，而且贮藏、交通与市场环境等条件也都要具备。

另外，现代市场要求枣果生产必须以无公害和绿色产品为目标，因此枣树建园要求在无环境污染的地方。工业废气及废水中含有多种有害物质，如氨、氯、汞、酸与碱等，不但使枣树生长发育不良，而且会使枣果受到污染，进而危害人们的身体健康。因此，园地应远离工业"三废"排放、污染区域，如有造纸厂、化工厂、砖窑、石灰厂和水泥厂等污染严重的地方，其周围不适宜建立枣园。

枣适应性强，对园地的选择不很严格，但以日照充足，风害少，地势平坦，地下水位低，排灌方便，土层深厚（30 厘米以上），肥力较高、疏松、理化性状较好的壤土最好。山地建园坡度应在30°以下。

（二）园地规划

选好园址后，栽植前要进行园地规划和设计，包括防护林、道路、排灌渠道、小区、品种配置、房屋及附属设施等，合理布局并绘制平面图。只要是连片规模栽培枣树，都必须在枣树栽植之前做好园地的规划，一般来说，越是大型枣园，园地的规划越显得重要。一个大型果园，一般果树占地不低于 88%，防护林占地 2%～3%，道路占地 2.5%，排灌系统占地 2%～2.5%，建筑占地 1%～1.5%，其他不超过 2%。合理规划设计，如防护林与道路并行相依，防护林的林荫地带可作为排灌系统用地及机械调头运作用地，排水沟可兼作防护林的断根沟。

划分小区（作业区）时，应保证在同一作业区内土壤及气候条件基本一致，有利于减少或防止枣园的水土流失、风害，有利于运输及枣园的机械化管理。平地枣园的作业区面积依土壤、气候条件的一致程度在 3～10 公顷；丘陵、山地类型一般在 1～2 公顷；低洼盐碱地以台田为单位划分作业区。小区的形状以长方形为好，长边与短边的比例一般为 2:1、3:1 或 5:1，为使树冠能更均匀地接受阳光照射，应尽可能使小区的长边为南北走向，或稍偏斜与有害方向垂直，小区多以防护林、道路、排灌沟为界。丘陵、山地的小区要注意减少土壤冲刷，小区的形状可以依山就势，形成近似的长方形、平行四边形或梯形，长边要与等高线相平行，作业区不一定规整，大小可依地形复杂程度有所变化，以分水岭、自然沟或道路为界。

在规划枣园各级道路时，应统筹考虑与作业区、防护林、排灌系统、输电线路及机械行走的相互配合。中大型枣园，道路的规划分为4级，由主路、干路、支路和作业道组成。主路宽6～7米，以并排行驶2辆卡车为宜，外与公路相通，贯穿全园，能双向行驶大型运输机械；干路是小区间的分界，宽4～5米，与主路相通，承担园内主要运输任务，以能并排通过2部动力作业车为宜；支路宽2～3米，用于大型施药等机械通行；在幼树期枣园，行间即为作业道，通常不另外占地，但成龄之后若有需要可根据情况疏伐出作业道。小型枣园只设主路和支路。山地枣园的道路，主要根据地形布置，上下山主路要盘旋呈"之"字形，坡度5°～10°。为避免塌方，支路应设在分水线上（不是集水线），可顺坡修筑。

枣园灌溉系统的规划，要依据灌溉方式而定。常用的灌溉方式有地面灌溉、地下灌溉、喷灌和滴灌。枣园地面的灌溉方式，有分区浸灌、树盘灌水和沟灌等。灌溉水源多来自井水、渠水和河水等。目前，生产上主要采用沟灌，即修干渠和支渠，干渠沿小区边缘连接支渠，支渠连接树盘，渠道要有1/3 000～1/2 000的比降。各级渠道的布置，应充分考虑枣园的地形情况和水源位置，结合道路和防护林的规划情况进行设计。在满足灌溉条件的前提下，各级渠道应互相垂直，尽量缩短渠道的长度，以节约资源，减少水的渗漏和蒸发。若条件允许，可采用管道灌水，一般用直径为9～12厘米的塑料管即可，全部埋入冻土层下，只有出水管露出地面，管与管之间用三通管连接，出水管用阀门控制。丘陵山区枣园，应尽可能在滴灌区上部修蓄水池，这样可以实现自压滴灌而节省能源。枣园多用明沟排地表径流和防涝，当然要设在果园较低的位置，一样采用1/3 000～1/2 000的比降。平地枣园，排水沟一般布设在干、支路的一侧，山地丘陵排水沟的布设要因地制宜。

枣园一般可选择稀疏透风林带。大型枣园的防护林，应设主林带和副林带，主林带的方向要与主要害风方向垂直。林带的宽度与长度，应与当地最大风速相适应，林带在枣园北面时，距果树不近于 15～20 米；在枣园南面时，不近于 20～30 米。林带树种要选对当地的环境条件有较强的适应性、树体高大、生长迅速、树冠紧密且直立、与枣树无共同病虫害的树种。北方常用的树种有杨树、泡桐、旱柳、椿、合欢和苦楝等。

枣园建筑物包括办公室、工具室、农药及化肥仓库、配药场、枣果包装车间及贮藏库、车库及机械设备库等。这些建筑物一般都应设立在交通方便的地方，在山区，应遵循物资运输由上而下的原则，配药场应设在较高的部位，包装场及枣贮藏库则应设在较低的位置。

（三）土壤改良

枣树对土壤的适应能力很强，但要获得优质、丰产和稳产，则通常需要沙壤土或壤土、土层深 50 厘米以上、pH 值为 5.5～8.5、氯化物盐类低于 0.1% 和总盐量低于 0.3% 的土壤条件。如果在土层较薄、土壤较贫瘠的山地或荒地建枣园，栽植前又没进行过开园整地和培肥地力，果苗栽下后会因为土壤耕层浅、结构不良、肥力低、有机质含量少或酸碱度不适宜而生长不良。因此，在山区、丘陵、沙荒地、盐碱地或旱薄地上建设枣园时，修建好道路和排灌系统后，定植前应针对存在的具体问题，及早采取以下措施进行土壤改良。

1. 加深耕作层　对平地枣园，应将原生杂草铲除进行全面机耕，土壤深翻以熟化和培肥土壤。对坡度较大、水土流失严重、耕层浅的果园，可补修梯地或挖"鱼鳞台"，用以降低坡水流速，从而减少表层熟土冲刷流失，同时深耕台面行间，重施农家肥，翻压绿肥植物，并进行合理间作，以加深土壤活动层，加速土壤熟化，使其逐步变成适宜枣树生长的园地。

2. 改良土壤结构　结构性差的重黏土、重沙土和沙砾土，要进行客土掺和，即重黏土掺沙土，重沙土掺黏土、塘泥和河泥，沙砾土除去大砾石掺塘泥或黏土，再重施有机肥，进行合理间作，就可慢慢改良成结构性良好的土壤。对于有底沙土，即在沙层以下有黄土层或黏土层的沙荒地，可以通过深翻改良，把底层的黄土或黏土翻上来与表层沙土混合。深翻分两步进行：一是"大翻"，把沙层以下的黄土或黏土，通过挖沟翻到土壤表层；二是"小翻"，即等翻到表层的土壤充分风化后，将其与沙子充分混合。一般深翻过程宜持续 2～3 年。

3. 增施有机肥　枣树是治沙先锋树种，所以许多枣园会选择建在河滩、沙岗等沙荒地上，但这种枣园常因风蚀流沙严重、土壤缺乏有机质、保水保肥能力差等导致树势衰弱，产量低而不稳。因此，增施有机肥培肥地力是沙荒地枣园重要的工作之一。有机质分新鲜有机物和腐殖质两大类，是土壤中特有的有机体。有机质含量多少是判断土壤肥力的重要标志，也是保证果树生长良好的重要条件。我国果园的有机质含量一般只有 1%～2%，按多数果树的需要应以 3%～5% 为宜。提高和保持土壤有机质含量的方法有翻压绿肥植物，增施厩肥、堆肥、土杂肥和作物加工废料，地面盖草等。

4. 调节酸碱度　枣树是较耐盐碱的树种之一，但在盐渍化土壤上，由于土壤溶液浓度高、渗透压大，使枣树根系吸水困难，易造成生理干旱；同时，由于盐分对枣树的直接危害，使枣树生长发育不良，产量低，品质差。改良盐碱地，要根据当地自然条件和盐碱土种类及盐碱化程度，制定相应的措施。

pH 值小于 5.5 时，土壤中氧化铝和铵离子的危害作用最强，可使磷变成难溶性的磷酸铝而不能被根系吸收。调节方法除做好水分管理、翻压绿肥植物和增施有机肥外，还应多施碱性和微碱性化肥，必要时增施石灰，使土壤中的酸与石灰中的钙化合而生成硫酸钙，从而降低土壤酸度。pH 值超过 8 的碱性土壤，枣树易发生生理性叶片黄化和缺素症。调节方法有多施有机肥和酸性化肥，如过磷酸钙、硫酸钾等；建立排灌系统，定期引淡水灌溉，进行灌水洗盐，以降低盐碱含量，使含盐量降低在 0.1% 以下；地面铺沙、盖草或盖腐殖质土，以防止盐碱上升；营造防护林和种植绿肥植物，用以降低风力、风速，减少水分蒸发，防止土壤返碱；勤中耕，切断土壤毛细管，降低水分蒸发量，防止盐碱上升。

二、栽植技术

（一）栽植时期

从大范围来看，秦岭、淮河以南气候温暖，冬季土壤不封冻，从枣树落叶至翌年萌芽前整个休眠季都可以栽植。但在北方冬季，土壤有封冻期，因此生产上一般采用秋栽或春栽。

秋栽在落叶后至土壤封冻前进行，优点是枣树翌年发根早，树体长势强。一般来说，对秋栽的枣苗尽量不剪除其二次枝，以减少伤口，若有伤口部位，应该用油漆涂抹，以减少水分散失。同时，栽植后要有预防冻害措施，如对干基培土或用稻草捆绑树干等。秋栽适合冬季较温暖、冬春少风的地区。

春栽是在春季土壤解冻后枣树萌芽前或萌芽期栽植。春栽的优点是栽植方便简单、成活率较高，不存在防冻问题，目前在全国各地较普遍被采用。

对于一个特定地区来说，是采用秋栽好还是采用春栽好，主要根据当地自然条件而确定。一般在无霜期长、年平均温度超过 13℃、秋季多雨、春季干旱多风地区，应提倡秋栽。因为秋栽时土壤水分充足、地温尚高，有利于伤口愈合和根系恢复，翌年春发芽快，长势旺且抗旱能力强，农谚"秋栽先发根，春栽先发芽，早种几个月，生长赛一年"就是说的这个道理。但在无霜期短、年平均温度低于 13℃、秋季干旱多风地区，应提倡春栽。因为在这些地区秋栽的枣苗地上部分长时间处于秋冬季干燥多风环境，蒸发量大，地温低，根系得不到恢复，很容易因冻旱引起失水抽条或死苗。

近年来，有些地方也有采用在雨季（河南省7～8月份）带叶栽植的，成活率也很高。但要注意去除部分枝叶，以减少蒸腾，并且栽植时要尽量减少根系损伤，最好带土移栽。

（二）栽植密度

枣树早果性强，合理密植是增产措施之一，盛果期树冠的占地率以达到85%为最佳。但栽植密度要依据枣树品种特性、栽培目的、地理环境条件、土肥水条件、田间管理水平等因素综合考虑确定。如瘠薄土壤可栽得密些，肥沃深厚土壤可栽得稀些；干旱地区栽得密些，多雨湿润地区栽得稀些；农田宜稀，沙荒地宜密；在品种上，大果型品种如灰枣、骏枣可栽得稀些，小冠形品种如鸡心枣、扁核酸枣宜密些。

近几年，在枣生产中存在以下几种类型的栽植密度可供参考和借鉴。

1. 一般密度园 株、行距3～4米×4～5米，每667米^{2}栽33～56株。此类型的枣园易管理，用工量较小，适合大多数地方树冠较大的品种采用。

2. 中等密度园 株、行距2～3米×3～4米，每667米^{2}栽83～111株。要求土肥水条件好、管理水平较高，近年新建园采用较多。

3. 高密度园 株、行距1～2米×2～3米或采用两密一稀双行带状栽植，每667米^{2}栽300株以上。此类枣园管理较为费工，要求较高的管理水平，适合集约化栽培、树冠较矮的品种采用。

4. 超密度园 一般行距1米，株距小于1米，每667米^{2}栽600株以上。此类枣园一般采用矮化品种，建园成本高，需控制树冠，管理费工，但结果早，栽植当年可获得丰产。

5. 枣粮间作园 以枣为主、以粮为辅的间作形式，一股采用3～4米×7～10米的株、行距，每667米^{2}栽20～30株；以枣粮并重的间作形式，一般采用3～4米×15～20米的株、行距，每667米^{2}栽10～15株。这种形式便于机械化耕作，枣树也容易管理，能精耕细作，获得枣粮双丰收。

（三）苗木选择

枣苗的质量关系到栽植成活率、缓苗期的长短、树体恢复生长的速度及开始结果的时间和早期的产量。最好选择优质苗，要求苗体健壮，株高 0.8～1.2 米，苗径 0.8～1.2 厘米，根系最好完整无缺，直径 3 毫米以上的永久根 4～6 条或以上。苗体过大，栽植后发芽比较晚，缓苗期较长，栽植效果不好。实际中遇到大苗可以进行截干处理，留干 0.8～1 米，二次枝可以留 2～3 节短截。

枣树栽植时提高成活率的关键在于根的损伤程度和失水程度。所以，起苗、运苗的过程中一定要注意尽量保证根系的完整性和整棵苗木的水分，减少起苗到栽植的时间，以提高移栽成活率。

（四）栽植方法

按定植点挖好 80～100 厘米见方的栽植穴（在山地、丘陵地栽种，要求按等高线规划和栽植），进行密植时，也可挖成宽 80～100 厘米、深 60～80 厘米的栽植沟，以便栽植工作。注意表土与心土分开堆放，拣出石块及草根，最好让其风化 1～2 个月。

为提高成活率，把准备好的枣苗先用 ABT 生根粉处理。在非金属容器中用少量 90% 或 95% 的酒精将 1 克生根粉 1 号溶解，再加 0.5 升水配成母液，然后用 20 升水稀释后使用。每克生根粉可处理苗木 1 000～1 500 株，浸根处理时间为 1 小时。苗木有轻度失水时，先在水池中浸泡半天至一天，补足水分后再用生根粉处理。

栽植时，栽植深度要适宜，一般以保持苗在圃内的原有深度为准。过深则缓苗期长，并且生长不旺；过浅则容易干旱死亡，固地性也差。将树苗扶正，使根系向四周自然舒展，将表土和每穴 20～60 千克基肥混合后回填，土层极薄的地方要客土回填，表层熟土要尽量填在接近根群处，边填土边轻轻向上提苗，并轻轻振动枣苗，使土充分进入根隙中，根群与土壤相密接，覆土时边填边踏实，多余土在穴边修成土埂，以便灌水，再覆细土。注意栽时保持树体端正，栽后及时灌透定根水。填土后在树苗周围做直径 100 厘米的树盘，灌透水，待地表稍干后，覆土搂平，用秸秆或塑料薄膜覆盖树盘，保墒保湿。

（五）品种规划与授粉树的配置

枣树不同品种的经济性状和生物学性状（开花结果特性、对环境条件的适应能力、对病虫害的抵抗能力等）具有很大的差异。所以，在建枣园时应该综合考虑各种因素，如枣园的经营规模、目的，当地的气候条件、土壤条件、地理位置，合理选择适合当地的优良品种，以达到理想的经济效益，切勿盲目跟风行事。

如果是规模小的枣园，一般可选栽市场热销品种，因总产量有限，不一定要求品种类型多样化。规模较大的枣园则应避免品种类型过于单一，应制干、鲜食、兼用、蜜枣等品种类型合理搭配栽培，并错开供应期，早、中、晚熟品种合理搭配，以免短期内集中进行某种作业如疏花、疏果、病虫害防治及采收、销售等，同时也利于劳动力和作业工具的安排。

虽然绝大多数枣树品种可自花授粉结实，但生产实践证明，配置授粉树可有效提高坐果率。特别是对于一些自花授粉能力较差的品种（如山西梨枣、赞皇大枣等），应配置授粉品种，以提高结实能力。授粉品种栽植时，可与主栽品种同时混栽，也可每 2～3 行主栽品种之间加 1 行授粉品种。

在生产中，有些品种抗病性差，单一品种栽植时易引发病害流行，也常采用几个品种混栽以减轻病害发生，如鸡心枣易感枣锈病、河南省新郑枣区多采用鸡心枣与灰枣等进行混栽。

（六）栽后管理

苗木栽植后，如天气干旱应及时灌水，一般情况下，定植后隔 7～10 天灌 1 次水，连续灌 2～3 次，每次灌水后要及时检查，随时将倒伏的苗木扶正，畦面下沉、出现龟裂的要及时培土修整。

秋季栽植后，在封冻前需要培 30 厘米高的土堆防寒，翌年春季解冻后分 2～3 次扒平。春季枣树发芽前，对定植苗木进行定干、修剪，按设计密度选留干高。一般定干高度为 70～80 厘米，剪口距第一剪口芽 1.5 厘米，并用动物油或蜡封口，以防抽干。定干后距地面 40 厘米内，选留 3 个方向较好的二次枝留 1～2 个芽短截，其余二次枝均剪除。

当苗木抽梢期间要勤施薄肥，同时要结合防治病虫害，保证苗木健壮生长。

三、土肥水管理

枣园的土肥水管理技术是枣树栽培中重要的技术环节之一，尤其是很多枣树生长在丘陵山区和盐碱沙荒地，土壤条件比较差，造成枣树单产低、品质差。所以，在枣树栽培上加强土肥水管理尤为重要。

（一）土壤管理

土壤管理的目的是改善土壤理化性状，增加有效土层厚度，保持和增加土壤肥力，扩大根系生长范围，以满足枣树生长发育的需要。

1. 土壤改良　我国枣园多建立在丘陵山区、沙荒盐碱地。这些地方土壤瘠薄、土质差、肥力不足、保水保肥性差或盐碱严重，不利于枣树根系生长，影响枣树早期丰产稳产。因此，在栽植前后必须进行土壤改良，以提高栽植成活率，为枣树生长创造良好的生长条件。

在丘陵山地的枣园，采取客土换土、逐年扩穴等措施，增加土层厚度，扩大根系生长范围。为了防止沙荒地枣园风蚀和流沙，可采用以土压沙、沙中掺土的方法，增强保肥保水能力。黏重土壤采用泥中掺沙的方法，降低土壤黏粒含量，增强土壤通透性，以利于根系生长和对养分的吸收。对于盐碱地枣园，可以采用工程措施，设置排灌系统，以水压盐、排盐，降低地下水位；也可以使用盐碱改良剂，以减少盐碱的危害。

2. 土壤深翻 土壤深翻就是将下层土壤翻上来、上层土壤翻到下层，目的是增加活土层厚度，改善土壤通透性，增强土壤保肥保水能力，改善土壤理化性状，促进土壤微生物活动，促进根系向纵深扩展，增强根系对水分和养分的吸收，增强枣树根系的固定性和抗性。通过土壤翻耕，可以切断部分根系，促生新根发生，扩大根量，增加枣树根系的吸收能力。土壤深翻一般在秋季采果后，结合施基肥进行。秋季没来得及深翻的，可在翌年春土壤解冻后进行。深翻深度一般为60～80厘米。

土壤深翻的方法主要有2种：一是扩穴深翻，即在栽后第二、第三年开始，从定植穴外缘逐年或隔年向外开轮状沟，每次也可以翻半环，直至枣树株间土壤全部翻完为止。环状沟宽度一般为40～60厘米。二是行间深翻，即顺行挖条沟深翻，通常沟宽40～60厘米，树盘两侧轮换深翻，逐年向外扩，直至全园深翻1遍。对于密植枣园，可进行全园深翻。山地枣园，由于土层下母岩坚硬，深翻困难，可采用炮震扩穴的方法松土。即在树冠外围打炮眼，炮眼深80～100厘米，每个炮眼一般装自制硝酸铵炸药0.5～1千克。每炮崩深可达1.2～1.5米，松土范围直径达3～4米。因此，炮眼距离树干距离应在3～4米，以防止崩坏树体。炮震扩穴的时期在秋季落叶后至春季萌芽前为宜。

3. 刨树盘 为增厚活土层、改良土壤、消灭地下越冬害虫，可于秋末冬初或早春，在树干周围1～3米内用铁锹刨松或翻开15～30厘米土层，近树干处稍浅，越向外越深，除去杂草和不必要的根蘖。

4. 中耕除草 在生长季节，通过中耕，消除杂草和根蘖，疏松土壤，减少土壤蒸发，保护墒情，促进土壤微生物活动，增加土壤肥力。中耕深度一般为 5～10 厘米。

5. 枣园覆草 在树冠下或全园覆盖杂草、作物秸秆、绿肥、锯末等，厚度一般为 20 厘米左右。覆草一般在枣树萌芽前进行，也可在生长季进行。枣园覆草可以防止雨水冲刷地表土壤，防止阳光直射地面，提高土壤对雨水的渗透保蓄能力，减少土壤水分蒸发，保持土壤墒情。抑制杂草生长，稳定地温，有利于土壤微生物活动，增加土壤肥力。秋季深翻土壤时，不要把覆盖物翻入地下。

6. 间作绿肥 即通过枣园间作绿肥，再将绿肥翻压到土壤中，从而提高土壤有机质含量，改善土壤理化性质，增加土壤肥力。用绿肥覆盖枣园，能起到枣园覆草的效果。绿肥作物多是豆科植物，通过根瘤菌的固氮作用给枣树提供氮肥，并且绿肥作物适应性强、生长快，深翻后可整体用作肥料。适合枣园的绿肥有草木樨、柽麻、田菁及豆科植物如绿豆、豌豆、苕子等。

7. 枣粮间作 枣树具有萌芽晚、落叶早、枝疏叶小、根系分布稀疏等特点，与农作物间作时，肥水和光照方面矛盾不很突出。通过选择合理的间作物及配合相应的栽培技术措施，可以实现枣粮双丰收。枣粮间作是立体农业模式，与单一的农作物种植模式相比，枣粮间作构成了完全不同的生态系统。枣粮间作地的风速、夏季气温、地表水分蒸发量均明显降低，湿度增加，干热风危害减轻，为枣树和粮食作物的生长发育提供了良好的环境条件。

间作物一般选用低秆作物，根系分布较浅，枝叶茂密，能有效防止地表水分蒸发，防治风沙和水土流失，为枣树生长创造良好的生长和结果条件。无论是在平原沙地，还是在丘陵山区，未实行枣粮间作的很多枣园地表流沙和水土流失较严重，枣树根系裸露，严重影响枣树的生长和结果。通过管理枣园地下间作物，如翻耕、灌水、施肥、中耕、除草、收获等措施，能改善土壤透气性和团粒结构，促进枣树生长结果。枣粮间作切忌选择高秆作物，否则枣树光照不良，影响生长和结果。不宜间作生长周期过长、根系分布较深的作物。要注意防治病虫害，如枣棉间作时，必须加强防治棉铃虫、红蜘蛛和绿盲蝽等害虫。同时，还必须给枣树留足营养带，幼树时，一般营养带大于 0.8 米，随着树龄的增大，营养带随之增宽，一般为 1.2～1.5 米。

北方枣园通常采用枣麦间作、枣棉间作、枣豆间作（豇豆、绿豆、黄豆等）；枣菜间作（主要有黄花菜、芦笋、萝卜、马铃薯、洋葱、大蒜、白菜、韭菜、甘蓝、菠菜、西葫芦等）；枣油间作（主要有花生、油菜等）；枣药间作（主要有沙苑蒺藜、生地黄、桔梗等）。间作玉米、油菜等作物时，应在行距大的枣园进行。枣粮间作园每 667 米^2 效益一般比纯农田高 1～3 倍。

8. 免深耕土壤调理剂的应用　免深耕土壤调理剂是一种能够打破土壤板结、疏松土壤透气性、促进土壤微生物活性、增强土壤肥水渗透力的生物化学制剂，能够使土壤形成良好的团粒结构，增加土壤胶体数量，提高土壤的保水保肥能力，促进土壤微生物的繁殖，增加微生物种类与数量，减轻土传病害，促进土壤有机物的分解，提高肥料利用率等。一般的土壤，可在第一年使用 2 次免深耕土壤调理剂，每次 200 克，第二年使用 1 次即可。免深耕土壤调理剂已在多地使用，效果较好。

（二）施　肥

枣树是深根性果树，一年中生长期短，在生长期中生命活动极为活跃，需要充足的水肥条件，所以土壤的肥水管理就显得极为重要。其根的特点与农作物有根本的区别，所以施肥方法也和农作物有较大区别。

1. 秋施基肥　秋施基肥是枣树补充肥料、保证丰收的重要手段之一。基肥主要以有机肥为主，常掺入少量氮、磷肥；有机肥以圈肥为主，也可施用经过腐熟的鸡粪、羊粪、牛马粪、人粪尿等。有机肥是一种完全肥料，含有枣树必需的各种营养元素。

基肥的施用时期在枣果采收后至土壤封冻前。在这个时间内越早越好，以采果后至落叶前最好。一方面因为这个时期地温较高，枣树根系活动力较强，有利于基肥的分解转化、吸收和贮藏；另一方面，对断根伤口的愈合、促发新根也有很大好处。如果秋季未来得及施基肥，应在翌年春土壤解冻后尽早施入。基肥的施用最好结合土壤深翻进行。

如果在秋季施入基肥较早，此时枣树根系活动仍较旺盛，地温也较高，有利于断根伤口的愈合，基肥中速效氮、磷等元素可以被根系吸收，有利于增强叶片的光合效率，延长光合时间，从而增加树体贮藏营养。秋季施入基肥，有机肥在翌年可以较早发挥作用，为枣树早春根系活动、萌芽、枝叶生长、开花坐果及时提供营养。为了提高产量、改善果实品质，一定要重视以有机肥为主的基肥使用。

根据各地丰产树的施肥经验，基肥的施用量占全年枣树需肥量的 80% 以上，按理论上的统计要求，一般每生产 1 千克鲜枣要施用 2 千克有机肥，一般生长结果树每 667 米^2 施有机肥 3 000 千克，掺入尿素 35 千克、过磷酸钙 100 千克；盛果期树每 667 米^2 施有机肥 5 000 千克，掺入尿素 50 千克、过磷酸钙 250 千克，幼树依地力可适量减少。

基肥通常采用的施用方法有 4 种：一是环状沟施法，也称为轮状沟施，在树冠外围投影处挖 1 条环状沟，平地枣园一般沟深、宽各 40～50 厘米，土层薄的山区可适当浅些，深 30～40 厘米。此方法适用于幼树施基肥。二是放射状沟施，也称辐射沟施，即在距离主干 30 厘米左右向外挖 4～6 条辐射状沟，沟长至树冠外围，沟深、宽各 30～50 厘米。该方法适用于成龄大树。三是条状沟施，在树行间或株间于树冠外围投影处挖深 30～50 厘米、宽 30～40 厘米、长度视树冠大小和施肥量而定的条状沟，条状沟施每年都要轮换位置，即行间和株间轮换开沟。四是树盘撒施，将有机肥均匀地撒到树盘或全园，然后耕翻土壤，深为 20～30 厘米，将有机肥翻入土壤，然后将土壤整平，做好树盘，该方法适用于已经封行的纯枣树园、枣粮间作园和山区梯田枣园。挖沟施肥时，要注意保护根系，尽量不要伤到直径大于 1 厘米的粗根。

2. 追肥 枣树追肥是生长结果期树体需肥的一种补充，不失时机地追肥对提高枣树的坐果率、促进果实膨大、提高枣果品质有着极其重要的作用。与基肥相比追肥数量小，品种单一，肥效短，但树体吸收快，效果显著。

追肥常用的肥料类型有 4 种：一是酰胺态氮肥，主要为尿素，在土壤中需要经脲酶作用，转化产生碳酸铵后，被根系吸收利用，所以其肥效比铵态氮肥和硝态氮肥要慢一些。二是铵态氮肥，包括碳酸氢铵、硫酸铵、氯化铵等，铵态氮肥所含氮素呈铵离子态，容易被枣树根系吸收，能被土壤胶粒吸附，不容易流失，易溶于水，肥效快。但当铵态氮肥遇碱性物质或与碱性肥料（如草木灰）混合，容易引起氨的挥发，降低肥效。在土壤好氧性微生物（硝化细菌）作用下，转化为硝态氮。在盐碱地上由于有大量氯离子，所以追肥时一般不使用氯化铵。三是磷肥，包括水溶性磷肥（过磷酸钙、重过磷酸钙、氨化磷酸钙）和弱酸溶性磷肥（钙镁磷肥、硝酸磷肥），前者特点是能溶于水、肥效快，而后者则不溶于水、在土壤中的移动性比水溶性磷肥小。磷肥在土壤中移动性比氮肥差，酸性土壤有利于磷肥肥效的发挥。四是钾肥，主要有硫酸钾、氯化钾、钾镁肥、钾钙肥等。氯化钾含 50%～60% 的氧化钾，易溶于水，施入土壤后，钾被根系吸收利用或与土壤胶粒上的阳离子交换，氯离子产生盐酸，所以氯化钾属于生理酸性肥料。硫酸钾含48%～52% 的氧化钾，易溶于水，也属于生理酸性钾肥。在石灰性土壤中使用硫酸钾，硫酸根与钙离子作用产生硫酸钙，会使土壤局部板结，如配合使用有机肥料，可以消除该现象。钾、镁肥是制盐工业的副产品，含 33% 的氧化钾、28.7% 的氧化镁，易溶于水，易潮解。钾、钙肥是多组合肥料，含 4%～5% 的氧化钾、35%～40%的氧化钙、35% 的氧化硅、2%～4% 的氧化镁。钾、钙肥是强碱性肥料，所含的钾大部分为水溶性钾，适宜在酸性土壤上施用。

枣树有 3 个重要的追肥时期，即芽前、花前、果实膨大期。芽前追肥在 4 月上旬枣树发芽前进行，其目的是促进早萌芽，提高花芽分化质量，保证萌芽所需的养分。施肥量可根据每生产100千克鲜枣需1.9千克纯氮、0.9千克纯磷、1.3千克纯钾的标准减去施用基肥中的氮、磷、钾含量，二者之差即为全年补充氮、磷、钾的施用量。这个数量为纯量，换算成要追施的化肥的氮、磷、钾含量，就是全年要追施的化肥量。此次追肥以氮肥为主，追施氮肥的量要占全年补充氮肥量的一半以上。此次施肥宜采用穴施法。花前追肥在5月中下旬开花前进行，其目的是促进开花坐果，提高坐果率。此次追肥非常重要，因为如开花期养分不足，花芽质量和数量就会降低和减少，进而直接影响枣果的质量和产量。此次追肥以磷肥为主，辅以少量的氮、钾肥；磷肥施用量要占全年应补充量的2/3，钾肥占全年补充量的1/3左右，氮肥占全年补充量的1/4左右。此次追肥宜采用穴施法。果实膨大期是全年中枣树需肥量的最关键时期，此期如果养分供应不足，可造成树体抗病能力减弱、果实脱落、品质下降。此次追肥以钾肥为主、磷肥为辅，不施或少施氮肥。钾肥占全年补充量的2/3，磷肥占全年补充量的1/3。

追肥的方法主要有穴施和撒施2种方法。穴施就是在树冠下挖小坑或小沟，将肥料施入其中，然后盖土。根据树冠的大小，每棵树挖的小坑数量不等，通常树冠越大，挖坑或沟的数量就越多，目的是将肥料均匀施入。也可将肥料均匀撒施在树盘里，然后浅翻树盘，使肥料与土壤混合。对于尿素等速溶性氮肥，还可以将其直接撒入树盘，马上灌水，肥料可借助水逐渐下渗，被根系吸收。

一般追肥的施用深度为5～10厘米。氮肥和钾肥在土壤中容易移动，可以浅施。过磷酸钙等在土壤中不容易移动的肥料，应集中施在根系密集分布区，增加根系与肥料接触，减少土壤对养分的固定，从而提高肥料的利用率。

枣树追肥量通常与树龄、树势、产量、土壤肥力、土壤类型等有关。树龄小的，追肥量小；树龄大的，追肥量大。土壤保肥能力差，追肥需多次少施。树势强、肥力足的，要少施，否则要多施。生产中枣树追肥量主要是根据丰产园的追肥经验来确定。一般成龄大树，萌芽前每株追施尿素 0.5～1 千克、过磷酸钙 1～1.5 千克；开花前每株追施磷酸氢二铵 1～1.5 千克、硫酸钾 0.5～0.75 千克；幼果期每株追施磷酸氢二铵 0.5～1 千克、硫酸钾 0.5～1 千克；果实膨大期每株追施磷酸氢二铵 0.5～1 千克、硫酸钾 0.75～1 千克。幼树的施用量可相应减少。

3. 叶面喷肥　又称根外追肥，是对施用基肥和追肥的一种补充，主要是利用叶片具有吸收养分的功能，对叶片喷施肥料，为树体迅速提供养分。该方法简单易行，用肥量少，肥效发挥快，可避免养分在土壤中被固定。叶面喷肥可单独进行，也可结合喷药进行。

一般从展叶开始每 15 天左右喷洒 1 次。前期喷尿素，果实发育期喷磷酸二氢钾，花期喷硼砂。对一些因缺少铁、硼、锌等元素，造成树体发育不良的枣树，可喷硫酸亚铁和硫酸锌，也可喷洒含有铜、锌、锰、硼、钼等多种微量元素的稀土溶液。喷洒各种肥料和微肥时，要特别注意施用的浓度和肥料的质量，避免因使用浓度不当或使用劣质微肥而对叶果造成危害。叶片喷肥应喷在叶片的正面和背面，喷施最适温度为 18～25℃。夏季要避开气温太高的时期进行，最好在上午 10 时以前或下午 4 时以后进行叶面喷肥，以免影响肥效和出现肥害。叶面喷肥不能代替根部施肥。

（三）灌　水

1. 灌水时期　灌水时期主要根据土壤墒情和枣树生长发育规律而定。北方枣区，在枣树生长的前期正处于干旱季节，此期应注意及时灌水。一般应注意以下几个灌水关键时期。

（1）**催芽水**　早春萌芽前、追肥后灌 1 次水，可增加树体水分吸收，促进及早萌芽及萌芽后的枝叶生长。

（2）**助花水**　在枣树始花期至盛花期灌水，可提高枝条及花叶的含水量，提高空气湿度，防止干热风造成的"焦花"现象。此次灌水应结合花前追肥进行。

（3）**保果水**　在 6 月底至 7 月中旬进行，此时正值枣树的生理落果高峰期和枝条快速生长期，及时灌水可缓解生长与结果的矛盾，减少落果。

（4）**膨果水** 一般在 8 月中旬以后进行。此时正值果实快速膨大期，为树体提供充足的水分，对促进果实膨大、提高果实品质和产量有重大的意义。此次灌水要结合膨果期追肥进行。

（5）**封冻水** 在果实采收后至土壤封冻前进行，一般在 10～11 月份。此次灌水必不可少，因为保持树体内充足的水分，对防止枣树冬季抽条和安全越冬意义重大。为了减少工作量，此次灌水最好在施用基肥后进行。

上述灌水时期主要是根据枣树的物候期而定的，但灌水与否主要还应看土壤墒情。具体的灌水时期、灌水次数要因土壤和灌溉方法而定。灌水一般结合施肥进行。有灌溉条件的枣园，只要土壤墒情出现旱情，就应及时灌溉。

在缺水山区和没有灌溉条件的枣园，应充分利用有限的水资源，尤其要利用好雨水，并结合中耕除草、覆盖等措施进行蓄水保墒。南方枣区，自然降水一般能满足枣树生长对水分的需求，但遇干旱年份，也要及时进行灌溉。

2. 灌溉方法

（1）**大水漫灌** 在枣园内起垄做埝，分成若干小区进行灌溉。

（2）**滴灌** 通过在枣园铺设灌溉系统，将滴头直接铺设在树冠下，给枣树灌水。也可在树盘下覆膜，在膜下滴灌，效果更好。滴灌的供水时间和供水量可以严格操控，实现了对土壤的持续缓慢供水，所以与大水漫灌相比，采用该方法灌溉，土壤温度、湿度变化幅度小，更有利于枣树的生长发育。

（3）**穴灌或沟灌** 在树冠外围挖数个深 20～50 厘米、直径约 30 厘米的坑或小沟，将水灌入其中，灌水后覆草或盖地膜，减少水分蒸发。该方法适用于山坡旱地、水源不足的枣园。

（4）**打孔填草灌水** 在树冠投影外缘均匀打 2～4 个直径为 20～40 厘米、深 30～40 厘米的孔，孔内用杂草或秸秆填实建成贮水穴，可结合施肥进行。灌水时，将肥水灌入孔中，每年可以更换1次孔的位置，这种方法效果好、投资也少，易于操作。

（5）**地下陶罐灌水**　将陶罐埋在树冠下土壤中，罐底打几个小孔，将水注满陶罐，可以使水分缓慢渗入土壤中，同时根据土壤墒情酌情决定向陶罐中注水的次数，这种方法节水效果明显，可以与施肥相结合，是山地枣园灌水的好方法。

（6）**土壤保水剂**　土壤保水剂是一种独具三维网状结构的有机高分子聚合物。在土壤中能将雨水或浇灌水迅速吸收并保住，不流失，进而保证根际范围水分充足、缓慢释放供植株利用。将土壤保水剂直接埋入土壤或结合施基肥埋入土壤中时，它可以吸收雨水或人工的灌水，在土壤水分不足时再释放出来，供给根系吸收。一般每株施 100 克土壤保水剂可使土壤蓄水增加 30 升。

总之，枣园浇水的方法很多，要根据枣园的实际情况和当地的水资源状况，选择合理的灌溉方法，节约用水，提高水资源利用率。

3. 枣园排水　枣树的耐涝能力比较强，多数枣树品种树盘内积水 7 天不会造成危害，但若长期积水，会造成土壤中空气成分严重减少，通气不畅，根系严重缺氧，吸收能力下降，严重时根系大量死亡，造成落叶或落果，树势削弱或死亡。所以，及时排除枣园积水是保证枣树正常生长、丰产不可忽视的条件之一。地势低洼、土壤黏重、渗水不畅的枣园要尽早做好雨季前的排水工作，在雨季要经常检查枣园的排水状况，尽量使地下水位保持在 1 米以下，雨季控制在 40 厘米以下，防止枣园积水。

（1）**排水系统的组成**　枣园排水系统主要由小区集水沟、作业区内的排水支沟和排水干沟组成。集水沟的作用是将小区内的积水或地下水排到支沟中。排水支沟的作用是承接集水沟排放的水，将其排入排水干沟中。排水沟的作用是将枣园积水通过支沟汇集后排到枣园以外的河、渠中。

（2）**排水沟的规格**　各级排水沟纵坡比降标准：干沟 1∶3 000～10 000、支沟 1∶1 000～3 000、集水沟 1∶300～1 000。各级排水沟相互垂直，相交处应与水流方向成 120°～135° 的钝角，以便排水。排水沟最好用暗沟。

（3）排水沟布置　平地枣园一般可布置在干、支路的一侧。山地和丘陵枣园排水系统主要由梯田内侧的竹节沟、栽植小区之间的排水沟以及拦截山洪的环山沟、蓄水池或水塘等组成。山地丘陵枣园排水沟的布置要因地制宜。

四、花果管理

枣树虽然花期长、花量大，但落花、落果严重，坐果率一般只有 1%～2%。由于开花结果期间营养生长与生殖生长对营养物质的争夺激烈，各器官之间矛盾突出，所以除加强土肥水管理外，还要对树体养分分配进行调整，改善授粉受精条件，以提高坐果率。

（一）树体修剪

1. 抹芽　待枣芽萌发后（5 月上旬），对各级骨干枝、结果枝组间萌生的过密枣头从基部抹去。抹芽能节省养分，增强树势，提高坐果率。

2. 枣头摘心　枣头摘心可控制其生长，减少幼嫩枝叶对养分的消耗，缓和新梢与花果之间争夺养分的矛盾，促进下部枝条及二次枝、枣吊生长充实，对提高坐果率有明显效果。于展叶期至花期（5 月中旬至 6 月中旬）进行，宜早不宜迟。除了留作骨干枝、延长枝和大型结果枝组用的新生枣头外，其他枣头，当其出现 4～5 个二次枝时，将先端幼嫩部分摘除，留下部分二次枝。通常情况下，强枣头留 4 个二次枝、弱枣头留 3 个二次枝。每年摘心 2～3 次为宜。

3. 疏枝　夏季对枣树内膛过密的多年生枝和骨干枝上萌发的幼龄枝条，影响树体内部光照又没有更新作用的枝条，或在冬季修剪时没有及时剪去的枝条，都要及时疏除。俗语曰："枝吊疏散，枝枝枣满，枝吊挤满，吊吊空闲"，说的就是夏季修剪对于枣树产量的影响。

4. 扭枝　也叫扭梢，可以有效地控制竞争枝，缓和生长势，有利于花芽分化和促进坐果。一般在 5 月下旬前后，枣头一次枝生长至 80 厘米左右尚未木质化时进行，用手将当年生枣头一次枝软化并扭转方向，使其受伤但是不折断，处于平伸或下垂状态，扭梢的位置在一次枝的基部 50～60 厘米处。

5. 拉枝　对直立生长和摘心后的枣头，在 6 月中旬左右拉成水平状态，通过抑制顶端优势，减缓枝条的加长生长，促进花芽分化。也可在此时通过拉枝或撑枝的方法，合理调整骨干枝的角度与分布，从而平衡树势，加快整形。

（二）花期管理

1. 花期灌水与喷水　枣树花期对土壤水分非常敏感，如遇重旱情，容易焦花、焦蕾，严重影响坐果。而我国北方枣树花期正值炎热干旱季节，因而花期灌水保墒是提高枣树坐果率的一项重要措施。另外，枣树花期温度高，灌水引起地温下降的幅度不会影响根系的正常生长发育。

枣树花粉萌发需要较高的空气湿度（空气相对湿度 75%～85%），但华北南部及黄河中下游地区枣树开花期正处于干旱期，空气湿度低，严重影响产量。花期喷水对提高坐果率有很大作用，有"干旱热风枣焦花，阴天小雨果满挂"的说法。喷水一般在枣花盛花（约有 60% 的花量开放）时，每隔 3～5 天用喷雾器向树冠均匀地喷 1 次清水。宜选择晴天无风且气温低、湿度较高时进行，在一天中以傍晚最好，上午次之，中午和下午的效果最差。另外，枣花粉在适宜条件下，需 30 分钟左右才能发芽，因而花期喷水提高空气湿度的时间必须维持在半小时以上才能奏效。

2. 辅助授粉　枣树大多数品种可自花授粉结实，但有些枣树品种花粉发育不良或发生败育，常会出现自然授粉不良。另外，花期如遇干旱、干热风、连阴雨等不良天气，花器受到伤害，或影响了蜜蜂等媒介昆虫的活动，都会明显影响授粉，降低坐果率。

目前，在枣树生产上主要是利用蜜蜂或传粉壁蜂（如角额壁蜂、凹唇壁蜂）等媒介昆虫进行传粉。具体方法是每 667 米^2 枣园放 1 箱蜜蜂，开花前 2～3 天将蜜蜂放入园内熟悉情况（或 500～700 头传粉壁蜂于开花前 7～8 天放入），待枣树进入开花期，由昆虫自行授粉。

人工授粉是在蜜蜂进出口处固定采粉器，下面铺上报纸，当蜜蜂采集花粉返回蜂箱时，所携带的花粉粒被采粉器拦挡在报纸上，够一定量时收集起来，放在阴凉干燥的地方晾干。使用时可按 10 升水、10 克花粉、5 克硼砂、5 克白糖的比例配成混合液（随配随用），用小喷雾器于枣树盛花期喷雾。

（三）喷施植物生长调节剂和微肥

1. 赤霉素　盛花期喷施赤霉素，能促进枣树花粉萌发、刺激子房膨大和未授粉的枣花结实，使枣花坐果更加稳定。以盛花初期喷施最为适宜，一般在全树枣吊平均开花 30%～40%，或多数枣吊开花 4～8 朵时喷施 1 次即可。增加喷施次数或延迟喷施时间，会导致坐果过多而落果增加，且果实变小。但若喷施后 5～6 天中遇降温且气温下降导致坐果少时，可以在盛花期间隔 3 天补喷 1 次。赤霉素的使用浓度以 10～15 毫克 / 升为宜。喷施时可与 0.5% 尿素、稀土、生物肥料等叶面肥溶液混用，下午 4 时后或早晨 9 时以前喷最好。另外，花前喷 20 毫克 / 升多效唑或 25～30 毫克 / 千克矮壮素，对促进枣花芽分化有明显的作用。

2. 萘乙酸　萘乙酸有提高坐果率的作用，一般都在盛花初期进行喷施。例如，在枣树盛花初期喷施 5～10 毫克 / 升的萘乙酸溶液能将枣树的坐果率提高至 40%～60%，花后喷施较高浓度的萘乙酸还可以有效地减少生理落果，浓度一般不能超过 80 毫克 / 升，花期和幼果期喷施 20 毫克 / 升的萘乙酸溶液可将坐果率提高至 73%。

3. 微肥　微量元素硼、锌、铁、镁等对提高坐果率和产量具有一定的促进作用，尤其是硼，能够促进花粉管吸收养分，刺激花粉和花粉管的萌发生长，因此，硼元素的多少直接影响到枣树的生殖生长，枣树缺硼就会导致"蕾而不花，花而不实"的结果。现在花期喷硼是枣园花期管理的一种常见措施，花期喷硼的浓度为0.3%～0.5%，也可以结合叶面追肥同时进行。在盛花期每半个月喷施0.3%的尿素＋0.1%～0.3%的磷酸二氢钾＋0.2%～0.3%的硼砂混合液，共喷施2～3次。喷施时选择晴天无雨的早晨或傍晚进行，喷施量以叶面湿润为好。此外，在花期和幼果期喷施0.3%的硫酸锌、硫酸亚铁溶液，可使坐果率提高到40%，产量提高到58%。

（四）适时环剥

环剥又叫开甲，也叫"枷树"，是一种古老的提高坐果率的有效方法。用环剥或伤皮方法，切断韧皮部，暂时中断有机养分下运，使地上部相对多地积累养分，满足开花、坐果及幼果早期生长发育的需要，可明显提高坐果率和枣果品质。

1. 环剥时期与环剥部位　环剥的最适宜时期是盛花期，在大部分结果枝已开5～8朵花时进行。华北地区多在6月上旬。

传统的环剥技术，环剥部位一般都在主干的中下部。第一道环剥口距地面20～30厘米，以后每年间隔3～5厘米自下而上顺序进行，根据树势情况，可每年或隔年环剥1次，逐年向上，直达第一层主枝分枝处，再从基部向上环剥（又称回甲），环剥口尽量不重合，反复进行。一般主干直径小于10厘米、骨干枝尚未形成的，不宜进行环剥。

传统的主干环剥方法削弱树势过重，剥口不当易导致叶片过早脱落，甚至造成死树。目前，生产上提倡按树势强弱、树形结构和生产要求来选择更理想的环剥部位。据试验分析，环剥部位距离结果部位越近，效果越好。现在很多改用留1～2个辅养枝环剥，使树势在环剥期保持健壮。在高肥水条件下，可对密植丰产枣主干或部分主枝进行环剥。此法也可用于当年生长过旺的枣头枝，环剥时如配合早期摘心，效果更好。

2. 环剥方法　在选定部位先用环剥钩子或镰刀将树干坚硬的老皮刮掉一圈，宽约 2 厘米，露出黄白色韧皮部，再用环割刀在韧皮上环割 2 刀，深达木质部，上部刀口要从上往下斜切或直切，下部刀口要从下往上斜切，以防止环剥口积水。两刀口间距 0.5～0.8 厘米，须根据树势和树龄灵活确定环剥宽度，一般为枝干直径的 1/10，成龄壮树、旺树宽些，弱树和幼龄结果树窄些。操作要细致，环剥口平整光滑、宽窄一致，口内韧皮组织全部切断除净，不留残丝。割好后剥出两刀口间的韧皮组织，不得损伤木质部。

3. 环剥口保护　环剥后，往往因害虫蛀食幼嫩的愈伤组织，导致伤口长期不能愈合而影响树势，故在环剥 5～7 天后，用 25% 甲萘威可湿性粉剂 50 倍液，或 40% 久效磷可湿性粉剂 1 000 倍液加 0.2% 硫磺粉涂抹剥口，可起到杀虫灭菌的作用，然后用纸封剥口，或 15 天后对环剥口抹泥封闭，既防病虫害又减少水分蒸发，有利于伤口愈合。伤口在环剥后 20～35 天完全愈合最好，愈合过晚会削弱树势；愈合过早，环剥效果不佳。

环剥虽能使枣树增产，但也有削弱树势的作用。因此，环剥必须在加强肥水管理的基础上进行才能收到好的效果。环剥后的枣树如果出现树势衰弱、叶片变黄等现象，可停止环剥，养树 2～3 年，等树势恢复后再继续环剥。

（五）合理负载

负载量过大易导致果个小或大小果分化严重、枣果含糖量低、着色差、风味品质下降等，通过人工疏果调整果树的结果量，可使树体负载适宜、布局合理，同时对促进树体生长、减少落花落果、提高枣果质量具有显著的作用。

1. 留果量确定的依据　主要根据树势强弱、树冠大小、栽培水平高低来确定。一般是树冠内膛和中下层要多留少疏，树冠外围和上层要多疏少留，强壮树多留，弱树少留，强枝多留，弱枝少留，做到按树定产、分枝负担、以吊定果、合理布局。

目前，我国还没有统一的枣树合理负载量标准。河南省林业科学研究所枣树研究组根据全国主要枣树品种的优质丰产特性，以丰产树形的吊果比大小作为衡量指标，提出以下负载量的参考标准：平均果重 22 克以上的特大果型品种吊果比为 4∶1，平均果重 15～21 克的大果型品种吊果比为 3∶1，平均果重 7～14 克的小果型品种吊果比为 2∶1，平均果重小于 6 克的小果型品种吊果比为 1∶1。强壮树 1 吊 1 果，中庸树 2 吊 1 果，弱树 3 吊 1 果。

2. 人工疏果方法　一般在 6 月中下旬分 2 次进行。

第一次于 6 月中旬前，一般要求强壮树 1 个枣吊留 2 个幼果，弱树 1 个枣吊留 1 个幼果，其余果全部疏除。或可根据品种特性按上述标准的 2 倍留果。

第二次于第一次疏果后 10 天左右进行，通常在 6 月下旬。按上述标准根据品种果实大小或树势强弱来定果。若果量不足或枝组之间坐果不均匀，也可每吊留 2～3 个果加以调节。要尽量选留顶花果，枣头枝的木质化枣吊养分足、坐果能力很强，留果量要相应增加，这对提高幼旺树的产量非常重要。

3. 化学疏除方法　目前，群众在生产中很少采用人工方法疏花疏果，其原因是枣树花期长、花量大，人工疏除需要多次，费工费时。可以选用化学方法对花果进行合理疏除。

研究表明，盛花末期喷施 40 毫克 / 升萘乙酸添加 3 000 毫克 / 升磷酸二氢钾，疏花疏果效果稳定。若单独用萘乙酸作疏花疏果剂时，可选择 50 毫克 / 升，其疏花疏果率一般为 60% 左右。需要注意的是，化学疏除的效果受树体及环境因素的影响比较大，在生产上使用时最好先进行小面积实验。

（六）促枣果膨大措施

果实的大小主要取决于品种自身的遗传因素，但是合理有效的栽培管理措施可以调节果实大小，在果实膨大前期适量追施磷钾肥，盛果期一般每株枣树追施 750～1 000 克的钾镁肥，可明显提高果实大小及其含糖量。平时管理注意增施叶面肥，在全生育期可喷施 7～8 次叶面肥，前期以氮肥为主，后期以磷钾肥为主，可有效提高叶片的光合效能，促进果实发育。

（七）促枣果着色措施

1. 摘叶　在枣果采收前 30 天左右，分期分批地摘除果实周围的贴果叶、遮光叶，提高光能利用率，使枣果浴光，促进果实增色。主要是针对大果型鲜食品种施行，但不可 1 次摘叶过多，以免果面遭受日灼。

2. 转枝　转枝可在摘叶后 10 天左右开始，分 2～3 次进行。目的是增加不同部位果实阴面的着色度，达到全面均匀着色。

3. 铺银色反光膜　果实着色期，在树冠下的地面铺设银色反光膜，利用反射光增加树冠内的光照，使树冠内膛和下部的果实充分着色。

一般情况下，在果实发育近成熟期要适当控水，不能使湿度过大，否则不利于枣果着色。

4. 采前适当控水　适量地减少水分供应可以促进果实着色。

5. 夏季合理修剪　及时进行夏剪，改善树体的通风透光条件。

（八）防止生理落果和裂果

1. 防止生理落果　采前生理落果一般在成熟前的 2 周左右发生，严重者落果量可占总产量的 40%～60%，对产量造成极大的损失，其原因除了品种自身的遗传因素外，还与气候条件和栽培管理措施密切相关，如高温干旱、降雨量过大、光照不足、施肥不当等。要防止大量落果，一是一定在建园时选择不易发生落果的优良品种，配上合理的栽培管理措施，提高树体的抗落果能力。二是在枣果的白熟期前后各喷施 1 次 50～70 毫克／升的萘乙酸，可有效地减少生理落果。注意，喷施最好在傍晚进行，对果实和果柄要均匀喷施。

2. 减少裂果　为了减少裂果的发生，首先选择抗裂果的优良品种，在管理上主要可以采取覆盖地膜和及时灌水的措施。对成龄结果树进行覆膜（一般在 8 月上旬雨季结束前覆膜，也可覆盖绿肥或秸秆），基本上可以防止裂果的发生。此外，在果实进入白熟期后，每 2 周进行 1 次钙肥叶片喷施，也可有效减少裂果。

（九）适时采收

枣果的发育过程可分为白熟期、脆熟期、完熟期三个阶段。在生产上，要根据枣果的不同用途、不同目的进行适时、及时地采收，或分批采收。对于鲜食品种，如冬枣、梨枣，应在脆熟期进行采收，此时果实色泽及风味最好，且耐运输、耐贮藏；若采收过早，果实发育不成熟，颜色青绿色，品质不佳；采收过晚，果肉变软发黑失水。对于灰枣、鸡心枣、金丝小枣等制干品种，应在完熟期采收，完熟后，果实色泽浓艳，果肉饱满有弹性，且耐贮运；若采收过早，营养物质积累不充分，果实不饱满，不易进行制干。加工品种则应在白熟期采收，此时枣果充分发育，肉质松软、糖煮时容易吸收糖分，制成后颜色晶亮，半透明。加工乌枣、酸枣时，应在脆熟期采收。

五、整形修剪

我国各地的枣树，长期以来在修剪上都采取了较为粗放的做法，或不修剪任其自由生长，或仅在接近地面部分出现双股杈、三股杈时选其中一枝作中心干，其余枝去除，使树高达 10 米以上。在枣粮间作地区，修剪工作也仅限于将距地面较近的枝条去除，以不影响农作物的光照和田间耕作为原则。在夏季修剪中，部分枣区有疏除过密枝和衰弱枝的习惯，还有对枣树采取环状剥皮，以提高坐果率的做法，但应用均不普遍。实现枣树的高产优质栽培，必须根据枣树的生物学特性和生命周期特点，科学实施整形修剪技术。

（一）枣树枝芽生长特点

枣树不同于其他果树，枣树的枝芽种类和结果习性有其独自的特点。首先，枣树的顶芽萌发力强，呈单轴延长生长，单枝生长量大，主干周围主要是枣头二次枝，自然分枝少，结果母枝（枣股）基本不延长，结果枝（枣吊）每年脱落，所以自然生长的枣树表现为高干、骨干枝少、骨架不牢固，且树冠成形年限长。其次，结果枝组同一年龄枝段上的数十个结果母枝，几乎在同一年内形成，长势和结果能力的发展、衰退也基本一致，在结果母枝衰老前也无须修剪。另外，枣树的发育枝生长的二次结果枝组，每个节上的芽都可能萌发成结果母枝，每个结果母枝每年都能抽生结果枝，每条结果枝都有分化花芽的能力。因此，枣的结果性能稳定，生长结果转化快，枣头转化为枣股后连续结果能力强。但枣树生长量小，对修剪反应迟钝，必须因势利导、随枝造形。修剪量要轻，修剪时期要冬夏结合。

（二）整形关键

果树在整形时，为培养中心干和主、侧枝等骨干枝，都要对枝条进行短截，目的是刺激剪口下发出质量好的新枝，以保证该枝继续延长，使树冠不断扩大，同时增加发枝数量。枣树对修剪的反应不敏感，延长枝被截顶后，剪口下第一个主芽不容易萌发。因此，在对枝条短截时不能像对其他果树那样只剪1剪子，而是要剪2剪子，即先在枝条规定的长度处短截，再将剪口下第一个二次枝留0.5～1厘米短桩剪去，这样才能使该二次枝着生处的主芽像顶芽一样萌生强壮的发育枝，即枣头枝依照原枝条的方向继续延长，甚至有时还要在主芽上方对枝条进行刻伤，以增加刺激程度。这是枣树在短截骨干枝促使发出强旺延长枝时应遵循的一个原则，称"两剪子出"；不需扩大时则只去掉枣头顶芽，即在枝条规定的长度处短截，称"一剪子堵"；若需要枣头发育枝自然延伸，则可放任生长，不做剪截。

枣树在整形带以内的二次枝有 2 种剪法，一种剪法是从基部剪除，这种方法树冠形成快，但分枝角度小、枝条易劈裂，该法宜建立密植枣园，且通常在二次枝较细弱时采用。另一种剪法是二次枝留 1～2 节，让枣股主芽萌发枣头，这种方法树冠形成慢，但角度开张、牢固性差，宜大冠型稀植枣园和枣粮间作，或当二次枝生长健壮时采用。骨干枝若生长方向和角度不符合要求，可采取拉枝撑棍等方法予以调整。

（三）主要高产树形的结构特点

枣树是喜光树种，光照的强弱，对叶片光合效能的高低、发枝力的强弱及产量的高低均有影响。因此，放任生长的枣树，树冠枝条密集、排列不均，易于偏冠而影响光照和光合效能，导致减产。所以，枣树的丰产树体结构，应具备通风透光良好，树冠大小适宜、层次分明，骨架牢固健壮，骨干枝粗壮、分布合理、角度开张，结果枝适量等特点。

目前，枣树的丰产树形有很多，如疏散分层形、小冠疏层形、多主枝自然圆头形、开心形、自由纺锤形、单轴主干形等。生产应用中应根据品种类型、栽植密度和栽培方式来具体选择。

1. 疏散分层形　有明显的中心主干，干高 80～100 厘米。全树有 6～8 个主枝，分 3 层排布在中心干上，第一层 3 个主枝，第二层 2～3 个主枝，第三层 1～2 个主枝，主枝与中心干的基部夹角约为 60°。每个主枝一般着生 2～3 个侧枝，第一侧枝与中心主干的距离为 40～60 厘米，同一枝上相邻的两个侧枝之间的距离为 30～50 厘米，每一主枝上的侧枝及各主枝上侧枝之间要搭配合理，分布匀称，不交叉、不重叠，树高控制在 3 米以内。

当整形带粗度达到 1.2 厘米以上时即可定干，并剪除剪口以下 5 个二次枝（干粗在 2 厘米以上时，可在二次枝上留 1 个枣股短截），待中心干粗度长至1.2厘米以上时进行第二层主枝培养，方法与第一层相似，剪干后清除剪口下3～4个二次枝。侧枝的培养方法与主枝相同，只是注意第一侧枝与中心干的距离。

此种树形树冠大，树干强固稳定，层性明显，透光性好，层次排列紧凑，枝多而不乱。内膛光照较好、空膛小，能充分发挥枣树的生产能力，产量高，适于株、行距较大的一般枣园和枣粮间作应用，更适合于长势旺、发枝力强的品种。

2. 小冠疏层形　有明显的中心干，干高50厘米左右，全树留主枝5～6个，分两层着生在中心干上。第一层主枝3～4个，基角70°左右；第二层主枝2个，基角60°左右。主枝上不培养侧枝，直接着生结果枝组，层间距70～80厘米。冠径不超过2.5米，树高2.5米左右。其特点是主枝分层排列，上下错落着生，层间距大，通风透光良好，树体寿命长，负载量大，结果年限长。

栽植第一年于60～80厘米处定干，将剪口下第一个二次枝剪除，再向下选留3～4个二次枝，留1个枣股短截，其他二次枝全部剪除，培养第一层主枝和健壮的中心干。第二年中心干剪留80厘米，促生分枝，培养第二层主枝，第一年形成的主枝，剪留5～7个二次枝。在培养选留第二、第三层主枝的同时，再在第一、第二层主枝的适当部位，培养1～2个中小型结果枝组。树形形成后，中心干不再短截，在其上培养结果枝组，促其结果，以后视内膛光照情况在适当部位落头开心。注意要让各主枝在主干上的分布互不重叠、同层主枝上枝组的排列方向要保持一致，同一主枝上的相邻两个枝组除保持一段距离外，其延伸方向应相反。

该树形树冠小、紧凑，结构牢固，成形较快，管理方便，树体光照条件好，适用于早实、丰产性强的枣品种和密植栽培。

3. 多主枝自然圆头形　这种树形通常可以在放任生长树的基础上，由自然形改造而成。树体较为高大，在中心主干上错落着生6～8个主枝，各主枝的长势大致相等，向斜上方自然生长，主枝角度为50°～60°，长势中等，不分层次，没有明显的中心领导枝。

主枝间相距 50～60 厘米，每主枝上分生 2～3 个侧枝，结果枝分布在主、侧枝的两侧和背下。这种树形树冠开张，主枝稀疏，交错排列，透光性好，早期产量较高，修剪量小，枝量多，丰产，并且骨干枝结合牢固，结果枝组发育良好，在正常的管理条件下，单株产量较高。但这种树形成形较慢，干性弱的品种不宜采用。进入盛果期以后，由于外围枝较密挤，影响树冠内的通风透光，内膛小枝容易枯死，主干中下部较易光秃。为改善通风透光条件、维持稳定产量，可以落头开心，改造为自然开心形。

其整形一般分 2 年进行，第一年在 1 米左右高度定干，同时剪除剪口下第一个二次枝，再向下选留 3～5 个适当的二次枝，各留 1～2 节短截，其余全部剪除。这样处理后，第一年可形成主枝 3～4 个，除中心干外，各主枝均向斜上方伸展。第二年将中心干剪留 60 厘米，促生分枝，继续培养 2～3 个主枝。将第一年定干形成的主枝剪留 50 厘米，同时将剪口下 2～3 个二次枝剪除，剪口芽萌发后作为主枝的延长枝，下方 1～2 个主芽萌发作为侧枝培养。各主枝的第一侧枝应留在主枝的同一侧，避免相互交叉。以后视主枝的长度和粗度培养第二、第三侧枝。培养方法与第一侧枝相同。中心主干上主枝数达到 6～7 个后，不再短截，只在其上培养结果枝组，使其提早结果。控制长势以后视内膛光照情况，在适当部位落头。

4. 开心形 树冠不留中心干，是在树干端留出 3～4 个基角为 40°～50° 的主枝，各向四周伸展，每主枝上培养 2～4 个向背侧方向伸展的侧枝，同一主枝上相邻的两个侧枝之间的距离为 40～50 厘米，侧枝在主枝上按一定的方向和次序分布，不相互重叠，结果枝组均匀地分布在主、侧枝的前后左右。整形时可先保留中心干，待主枝培养好之后疏除中心干，主干高 60～80 厘米。

这种树形树冠结构紧凑，树体较矮，结构简单，透光性好，树冠中心没有因光照不足而出现不结果的空膛，便于管理，易于高产稳产。适于长势较弱、干性弱的品种和土质瘠薄及高密度的枣园。

整形修剪时，应注意主枝的开张角度，不要过大，也不要过小，以免造成偏弱，影响负载和光照。对于树体大、树势较强的品种和土壤肥沃的地块，可采用双层开心形，即在开心形基础上，距第一层主枝以上 1.5～1.8 米处，培养第二层主枝 2～4 个，开张角 45°，每一主枝着生侧枝 1 个，结果枝布局同开心形。

5. 自由纺锤形 干高 40～60 厘米，树高 2.5～3 米，中心干自下而上均匀螺旋排列 10～15 个骨干枝，基角 70°～80°，基部 3 个骨干枝可以临近，但不能邻接。相邻骨干枝平均间距 20～25 厘米，同向骨干枝最小间距 40～50 厘米，骨干枝基部的直径最大不得超过着生部位中心干直径的一半。骨干枝上直接着生中小结果枝组。

从定干开始，通过 4～5 次短截与剪截剪口芽二次枝，培养一直立向上的中心干，同时培养 10～15 个主枝。幼树定植后当年定干高度 50～70 厘米，当主干延长头达 50～70 厘米时摘心，当年利用二次枝基部主芽萌发的枣头，在 50～60 厘米时摘心，通过拿、拉枝培养基角 70°～80° 的骨干枝 2～3 个。第二年春剪，在主干延长头顶端剪截并将二次枝剪去，以萌生主干延长头，主干延长头在 50～60 厘米时摘心。对上年主干延长头上的二次枝，自下而上每隔 20～25 厘米短截 1 个，截留 1～3 芽，促进枣股内的主芽萌发长出枣头，长出的新生枣头在 50～60 厘米处摘心，并通过拿、拉枝培养基角 70°～80° 的骨干枝 2～3 个。以后每年如此短截选留 2～3 个骨干枝。4～5 年后，当中心干高度达到 2.5～3 米时落头，控制其生长。在主枝上插空培养结果枝组，一般将枝组留在主枝两侧。当树冠达到要求时环剥，促其结果，控制树冠再行扩大。

该树形具有骨干枝级次少、修剪量小、通风透光好、结果早、树冠紧凑、管理简便、较易整形和更新等优点，适宜密植栽培。

6. 圆柱形（单轴主干形） 树高 2 米左右，单轴主干直立，结果枝组直接着生于主干上，全树有枝组 8～12 个。结果枝组下强上弱，呈水平状均匀分布在主干周围。

为了尽快形成单轴主干形，定植后加强管理，促其加速生长。7月上旬大部分苗高达80厘米以上时，于75厘米左右处摘心。要求50厘米以上保留4～6个二次枝，节数达8节（60厘米左右）以上的二次枝留8节摘心。对开花较多的植株进行环剥和喷施赤霉素处理，当年每株树即可获得1～1.5千克的产量。枣树落叶后至翌年春树液流动前，结合冬季修剪，疏去剪口下的第一个二次枝，促其基部主芽萌发生长。春季修剪时，可在上年选择培养的二次枝基部隐芽的正上方，自下而上地以不同的程度切割1～3道，刻伤时上轻下重，使预留枣股主芽萌发，向外延伸生长，结合必要的撑、拉、拿、别等开角技术，抹去生长较弱、位置不当和萌发较晚的嫩芽、嫩梢。第二年对萌发的新枣头，选留一个适当的作为中心干延长枝，其余的一律抹除。待保留的枣头长出6～8个二次枝后摘心，50厘米以下的二次枝全部疏除，所留的二次枝保留8节摘心。经过2～3年的整形，圆柱形的树形即可完成。

该树形是高密度栽培的适用树形，其枝组布局合理，通风透光良好，单位体积有效枣股数量多，有利于早结果、早丰产和采收管理，并且结果枝组也易于更新。

7. "Y"字形 "Y"字形是目前密植栽培枣园推广的主要树形之一，树冠矮小，通风透光好，单株产量小，但整体产量较高，早期效益好。"Y"字形树体结构特点是：在树干上部着生2个主枝，且斜伸向行间，枝基角为40°～60°，每个主枝外侧着生3～4个侧枝。

（四）幼树期枣树的修剪

不同树龄的枣树生长状况各不相同，整形修剪时采用的方法也不尽相同。幼龄树偏重于整形，可使树冠迅速扩大，初步建立树体骨架，培养健壮的结果枝组，为后期结果奠定基础。盛果期的枣树重在修剪，修剪的目的在于改善树体内的光照条件，集中养分增加坐果量，从而保证丰产。衰老期的枣树修剪则侧重于结果枝组的更新复壮，需重剪，恢复树势，延长结果年限，保证产量与效益。

枣树幼树冬季修剪的时间原则应该避开最寒冷的时期，一般在2月下旬至萌芽前进行。幼树定植后3年内一般是单轴生长，生长势强，树冠较小，主干周围主要是二次枝。以后随着树龄的增长逐渐形成侧生枣头，树冠渐大，树冠下部和内部开始结果，但结果稀、产量低。幼树期的修剪任务是加大生长量，提高发枝力，加速幼树早成形，为早果、丰产打基础。从定植至结果初期，以整形为主，为了快长树，修剪时要少疏多留，促进分枝，增加枝量，选留强枝，开张角度，扩大树冠。

栽植后要早定干，对生长弱的苗木，可以采用春季萌芽前距地面10～15厘米处平茬的方法培养树干，促使早发分枝。按所整树形，在中心干的适当部位选留健壮的发育枝，用撑、拉、别等方法，调整其延伸方向和开张角度，将其培养为骨干枝。对缺枝部位，可在春季树液流动后至萌芽前，选择较饱满的芽，剪除其近旁的二次枝，采用在芽上方1厘米处刻芽的方法进行补枝。对于骨干枝上萌发的1～2年生发育枝，尽量不要疏除，根据空间大小对二次枝冬季短截，或采用摘心、短截等夏剪措施控制其长势，培养成中小结果枝组，提高早期产量，同时加速树冠的形成。但结果枝组的培养不能太急，必须根据枣树生长情况陆续进行。

（五）初果期枣树的修剪

初果期的枣树仍以营养生长为主，生殖生长为辅。树冠呈半开张状，生长量大，抽枝力强，枣头大部分着生在树冠外部和上部，随着树龄的增长，骨干枝还可延长，扩大树冠，增加结果面积。此时枣树的长势比幼树期更旺盛，营养生长量最大，是整形修剪的关键时期，对树冠的形成、产量的高低有很大的影响，也是枣树管理难度最大的一个时期。这一阶段若管理不当，会造成树体疯长、连续无果现象的发生。

这时的主要任务是迅速扩大树冠，继续培养完善树形结构，培养结构牢固的各级骨干枝和大量的结果枝组及枣股，控制树势，促进树体生殖生长，做到生长结果两不误，逐年提高产量，为盛果期打基础。修剪方法以夏剪为主，如勤抹芽、缓摘心、上环剥等。冬季修剪时，一是调节新生枣头的数量，把空间小、暂时不用培养新枝的枣头疏除，对各枝条的选留应做到插空留枝，互不干扰。二是维持树势和良好的通风透光条件，对下垂、衰老的枝及时回缩，疏除交叉横生枝，同时要压缩或疏除强于主枝的侧枝，短截直立枝。

（六）盛果期枣树的修剪

树冠形成后，长势逐渐减弱，开始进入大量结果期。盛果期的枣树，营养生长逐渐减弱，生殖生长加强，树冠开张，枣头多在外围，主干仅有少量枣头萌发，树冠出现向心生长的更新枝。由于大量结果，所以树冠扩大缓慢，保持了枣股和枣头的相对稳定。

此时的主要任务是稳定产量，增强树势，提高果实品质。修剪上注意采取疏、缩、截、放的有机配合，保持树冠通风透光结构，枝条分布均匀，并有计划地更新复壮结果枝组，使每一结果枝组能保持较长年限，做到高产稳产。

枣树枝组稳定，生长量小，结果枝连续结果能力强，修剪时应注意疏除轮生枝、交叉枝、重叠枝、并生枝、徒长枝以及过密的主侧枝。对于枝头细长、下垂、逐渐衰老干枯、内膛显著变弱、结果能力下降的枣股，应及时回缩至后部分枝处，促使所留枝健壮生长。对于3年生以上的枣头，不用作延长枝时，应及时短截，使其下的二次枝复壮，培养结果枝组，经常对骨干枝上萌生的1～2年生发育枝进行短截，以培养健壮结果枝组，保持壮枝结果。

（七）衰老树的更新复壮修剪

盛果期后，树冠逐渐变得枝叶稀少，枯死枝增多，主枝表现出光腿。由于多次回缩修剪，树冠有所缩小，枣股生枣吊减少，枣花数量少，坐果率低，果实质量差且小而提前成熟。树冠内部出现衰老层和更新枣头，这些都标志着枣树已进入更新期。此期的主要任务是恢复树势，延长结果年限，争取连续丰收。老枣树的更新必须在加强土肥水管理的基础上，根据树体衰老程度，采取相应措施，以达到复壮的目的。如冬季疏截结果枝组；按主、侧枝层次，重截回缩骨干枝系（回缩长度为原枝长的 1/3～1/2）；长势较弱的枣树，1～2 年内停止环剥，停甲养树，恢复树势；用摘心、截顶、撑、拉等方法，调整新枝的长势和角度，加以利用。

此外，还可以利用根蘖进行更新。枣树的根系非常容易发生根蘖，利用根蘖可以更新树冠残缺不全和主干腐朽的衰老树。通过更新修剪，在促发新枝后，按照整形原则，选择长势壮的发育枝将其培养成骨干枝，过于密集的枝条疏除，快速培养结果枝，即可恢复树势和产量。

（八）自然放任枣树的改造

对放任形枣树的修剪应因树定形，因枝修剪，有形不死，无形不乱，通风透光良好，有利于生长结果。幼树应及早改造，培育理想树形，提早挂果；结果期枣树要使整形改造与合理修剪相结合，使其达到优质、高产、稳产；老树应及时更新，恢复树势，提高产量。

1. 放任幼树的改造　一些枣区幼树栽植后放任生长，呈现出双杈形、单轴形、偏冠形或抱头形生长，导致挂果晚、形成树冠迟、丰产树形少、效益低，必须根据具体情况因树制宜，及时尽快改造。

双杈树按开心形改造，可先短截双杈枝枣头，控制延伸生长，再在二杈枝适当高度各选一个方位得当的主芽，在芽上方 2～3 厘米处刻伤，促进萌发新枣头，定向培养二级枝，把双杈树改造成具有四主枝的开心形树。

单轴形又称"光杆树"、"一炷香"，是因为枣树几年或更长时间单轴生长而未加以调节，导致树体直立，无结果主枝或主枝过少。这种树改造可用堵上放下的方法，即采用截干堵上部枣头，类似于幼树定干，而在中下部合适部位，选择生长较健壮的二次枝短截，并采取萌芽前定点刻伤或环割的技术措施，刺激主芽抽生枣头，培养多层分枝。

对于枝条连续向一个方向弯曲形成的偏冠枣树，可按多主枝圆头形改造。先把偏向枝作为第一主枝处理，选留侧枝后剪除多余枣头，同时控制延伸生长，再在靠近主干弯曲处刻伤，培养新枣头，定向培养第二主枝，以后再培养下一个主枝。

抱头形是指树干周围的许多竞争枝齐头并进，竞相生长。这种树营养生长旺盛，长势强，结果迟且少。对这种树可选一中心枝，按疏散分层形选留第一层主枝，也可按开心形选留2～3个主枝。剪除多余枝条，对留下的主枝通过拉枝及二次枝的处理，及时培养侧枝或结果枝组，防止形成光腿枝。

2. 放任结果树的改造　进入结果期的枣树，在放任生长的情况下多形成乱头形，主、侧枝较多，膛内枝条细弱紊乱。主从关系不明，通风透光不良，干枯枝多，结果部位少而外移，产量低而不稳。这类枣树的修剪一般来说，首先应清理内膛，即把树冠内部、中心主干和骨干枝基部的徒长枝、枯死枝、细弱过密枝剪去，使骨干枝清楚明显，然后进一步确定树形。中心主枝明显的枣树，可选留1～2层主枝，其余分年逐步去掉，如中心枝过高，可进行缩头修剪，培养上层主枝。对中心主枝过弱的枣树，各主枝间生长比较均匀，可选留3～5个主枝改造为开心形。对中心主枝明显偏强的枣树，可根据主枝分布情况改造成主干分层形或多主枝圆头形。

最后确定修剪措施，从基部疏除不用的大枝，对可利用的并生枝、交叉枝、重叠枝去弱留强，去侧枝少的，留侧枝多的，并回缩或短截。疏大枝应慎重，不可一次疏枝过多，以免影响树势。对留用的骨干枝，采用疏、截、缩、放相结合的综合手法逐枝进行细致修剪。对放任生长形成的上强下弱树，可疏除上部过密枝，对保留的上部枝选外芽剪截（称一剪子堵），在中下部选合适的待培养枝，在其上部通过实施环剥进行复壮培养。

（九）生长期修剪

生长期修剪是枣树修剪工序中必不可少的重要组成部分，生长期修剪主要包括抹芽、摘心、疏枝和调整枝位等。生长期修剪一般在枣头长至 5～10 厘米时进行。

1. 抹芽　抹芽是培养树形和控制树势的关键措施之一。抹芽要做到早、勤、净，在整个生长季节不停地开展抹芽工作。

春季树体萌芽后，对萌芽多、芽体部位不适宜的芽及时从基部抹除，随生随抹，以节省养分，促进新枝健壮生长。若要用作延长枝和结果枝组培养的新生枣头，则应保留。注意留壮芽、外芽，抹除弱芽、里芽。树体摘心后，对于一次枝、二次枝上萌发的主芽也要及时抹除。因其长势强，营养消耗量大，极易造成树体郁闭，导致严重落花落果，降低产量和品质。

2. 摘心　生长季可以根据需要对枣头一次枝、枣头二次枝及木质化的枣吊进行摘心。在生产中，不同的摘心强度、不同的摘心时期对枝条生长发育和枣树结果会产生不同的影响，同时不同树龄对摘心的反应也有差别。

枣头摘心因为剪掉了枣头顶端的主芽，除去了顶端优势，所以可以促进下部二次枝和枣吊的生长，加快花芽分化及花蕾形成，促进当年开花坐果，起到保花保果的作用。枣头摘心可根据不同栽培要求分轻摘心和重摘心 2 种。重摘心早，一般在萌芽后 10～15 天施行，当新枣头出现 2 个二次枝时摘去顶心；轻摘心一般在萌芽后 25～30 天进行，当新枣头长至 70～80 厘米、具有 6～8 个二次枝时进行，时间约在盛花期。一般情况下，在土壤肥力较好、管理水平较高、密度小的条件下宜采用轻摘心；反之，宜采用重摘心。主干或主、侧枝延长用的枣头，长到适当节数后，停止生长前摘除 1～2 节嫩梢。用于培养结果枝组的枣头，从初花期开始，根据生长发育状况，分 2～3 次摘除 1～2 节嫩梢，以提高坐果率。

对二次枝摘心，能抑制树体的横向生长，减少交叉重叠，促进枣吊生长和向木质化枣吊转化。二次枝摘心不受时间限制，一般在枣头下部第一至第三个二次枝长到 6～7 节时，中部第四至第五个二次枝长到 4～5 节时，上部第六至第八个二次枝长到 2～3 节时进行。摘心越早，其促进枣吊生长和早开花坐果的效果就越明显。

对木质化枣吊，待其长度达 40～50 厘米时摘心。因为木质化枣吊长势强，叶片特大，同化作用强，制造养分快，易影响其他枣吊的生长和开花坐果，并影响树体的通风透光。

3. 疏枝　主要疏除当年萌生的无利用价值的新枣头，即枣股主芽萌生的新枣头、结果枝组基部萌生的徒长枝以及树冠内的交叉重叠枝等。对枣股上萌生的新枣头可从基部剪除；对结果枝组基部萌生的枣头可在基部 3 厘米处剪除，当年可结果，提高单产，此法又称打头留基。

4. 调整枝位　将树冠内可利用的直立徒长枝、内膛枝，通过扭、拉等方法使其倾向树冠缺枝部位，培养结果枝组，以充分利用空间，调整树冠，均衡树势，促进花芽分化，增加结果面积。

花期环剥也是夏季管理的一项基本措施，其方法在花果管理部分详述。

第六章
病虫害防治

枣树病虫害种类多、分布广、危害重，是造成枣树产量低、质量差的重要原因，当前严重发生的病虫害主要有枣步曲、枣粉蚧、枣截干虫、桃小食心虫、红蜘蛛、枣疯病、枣缩果病、枣煤污病、枣锈病等。为生产出符合国家标准的安全、优质、无公害枣产品，防治时要坚持贯彻预防为主的方针，有效地控制病虫害的发生与危害，减轻有毒农药对果品的污染。

一、农药使用原则

（一）农药品种及分类

农药品种按毒性分为高毒、中毒、低毒 3 类。

1. 禁用农药品种 有机磷类高毒品种有对硫磷（1605、乙基1605、一扫光）、甲基对硫磷（甲基1605）、久效磷（纽瓦克、纽化磷）、甲胺磷（多灭磷、克螨隆）、氧化乐果、甲基磷（杀螟松、杀螟磷、速灭虫）；氨基甲酸酯类高毒品种有灭多威（灭索威、灭多虫、万灵等）、克百威（呋喃丹、虫螨威、卡巴呋喃）等；有机氯类高毒高残留品种有六六六、滴滴涕、三氯杀螨醇（开乐散）；有机砷类高残留致病品种有福美胂（阿苏妙）及无机砷制剂，如砷酸铅等；二甲基甲醚类慢性中毒致癌品种有杀虫脒（杀螨醚、克死螨、二甲基单甲脒）；具连续中毒及慢性中毒的氟制剂有氟乙酰胺、氟化钙等。

2. 有节制使用的中等毒性农药品种　拟除虫菊酯类如三氟氯氰菊酯（功夫）、甲氰菊酯（灭扫利）、联苯菊酯（天王星）、顺式氰戊菊酯（来福灵）等；有机磷类如敌敌畏、二溴磷、毒死蜱（乐斯本）、哒螨灵（速螨酮、扫螨净、牵牛星、杀螨灵）等。

3. 优先采用的农药制剂品种　植物源类制剂有除虫菊、烟碱、苦楝油乳剂、松脂合剂等；微生物源制剂（活体）有 Bt 制剂（青虫菌 6 号、苏云金杆菌、杀螟杆菌）、白僵菌制剂和对人类无毒害作用的昆虫致病类其他微生物制剂；硫酸抗生菌类有阿维菌素（齐螨素、爱福丁、7051 杀虫素、虫螨克等）、浏阳霉素、化克霉素（尼柯霉素、日光霉素等）、硫酸链霉素、四环素、土霉素等；昆虫生长剂调节剂（苯甲酰基脲类杀虫剂）有灭幼脲、氟啶脲（定虫隆、抑太保）、氟铃脲（杀铃脲、弄梦特等）、噻嗪酮（环烷脲、扑虱灵等）、氟虫脲（卡死克）等；性引诱剂类有桃小食心虫及枣黏虫性诱剂等；矿物源制剂与混配制剂有硫酸铜、硫酸亚铁、硫酸锌、高锰酸钾、波尔多液、石硫合剂及硫磺制剂系列等；人工合成的低毒、低残留化学农药类有敌百虫、辛硫磷、四螨嗪、乙酰甲胺磷、双甲脒、三唑酮（粉锈宁、百理通）、代森锰锌类（大生 M-45、新万生、喷克）、甲基硫菌灵（甲基托布津）、多菌灵、异菌脲（扑海因、抑菌烷、脒挫霉）、百菌清（敌克）、菌毒清、高脂膜、醋酸、中性洗衣粉等。

（二）无公害果园的农药使用

无公害果园的农药使用原则：一是无公害果品生产中，禁用高毒、高残留及致病（致畸、致癌、致突变）农药。有节制地应用中毒残留农药，优先采用低毒、低残留或无污染农药。二是严格按产品使用说明使用农药，包括农药使用浓度、施用条件（水的 pH 值、温度、光、配伍禁忌等）、适用的防治对象、残效期及安全使用间隔期等。三是保证农药喷施质量。一般情况下，在清晨至上午 10 时前和下午 4 时至傍晚用药，可在树体保留较长的农药作用时间，对人和作物较为安全，而在气温较高的中午时分用药，则多产生药害和人员中毒的现象，且农药挥发速度快，杀虫时间较短。还要做到树体各部位均匀着药，特别是叶片背面、果面等易受害虫危害的部位。四是提倡交替使用农药。同一生长季节单纯或多次使用同种或同类农药时，害虫的抗药性明显提高，既降低了防治效果，又增加损失程度。必须及时交换新类别的农药交替使用，以延长农药使用寿命和提高防治效果，减轻污染程度。五是严格执行安全用药标准。无公害果品采收前 20 天停止用药，个别易分解的农药如二溴磷、敌百虫等可慎在此间应用，但要保证国家残留量标准的实施。对喷施农药后的器械、空药瓶或剩余药液及作业防护用品要注意安全存放和处理，以防新的污染。

二、病虫害防治方法

枣病虫害有多种防治方法，包括人工防治、物理防治、检疫防治、农业栽培措施防治、生物防治及化学防治，本着预防为主、综合防治的方针，突出无公害防治这一重点来制定病虫害的综合应对措施。

（一）人工防治

人工防治是最古老、延续至今仍在采用的有效病虫害防治方法，包括人工捕捉、刮树皮、摘除病虫枝及病虫果、刨树盘、清扫果园枯枝烂叶、树干绑缚草绳诱虫、绑塑料裙防止害虫上树等措施，多数情况下用于越冬代各虫态的清除，以压低病虫害发生基数，如果工作做得细致周到，可起到事半功倍的效果。这些具体工作往往在冬春闲季进行，可充分利用人力资源加强病虫害的防治，且有利于树体和环境保护，该项措施已成为无公害栽培的首选内容。

（二）检疫防治

每个国家和地区都有其限制进入、对生产构成巨大威胁的病虫对象，这些病虫以特有的方式寄生在植物材料或产品中（包括接穗、种子、苗木、果实、木材等），并随之传播。因此，各地对当地没有发生及国际、国内重要检疫的病虫害对象实行检查检疫制度，防止引进病虫害在当地传播和危害，做到以防为主。

（三）物理防治

目前，在生产上应用的主要有灯光和点燃火堆诱杀成虫、涂虫胶黏虫、高温脱除植物材料中病菌及病毒等方法，效果较明显。

（四）农业防治

主要通过合理的平衡施肥壮树抗病等；合理修剪来保证树体有良好的通风透光条件，防止病虫害发生；人工或化学除草，改变果园生态，减少病虫害发生场所；合理间作农作物种类，禁止混栽，避免害虫交叉危害等。

（五）化学防治

化学防治是目前最有效的病虫害控制手段。要在病虫害预测预报的基础上进行，对其他方法难于控制，急需大范围内快速扑灭，发生病虫危害较严重，并对生产构成重大威胁的情况下不得已而采取的对策。但仍要坚持保护天敌生物、减少环境污染的原则，还要遵守农药使用规则及执行国家关于农药在果品中的有关残留有害物质标准。

（六）生物防治

主要是利用捕食性或寄生性等天敌，联合对植物性害虫进行捕杀的过程，减少了农药使用次数，可有效降低农药污染，改善农业生态环境，适用于鲜食果品的优质生产，有利于降低防治成本。如对介壳虫类、红蜘蛛比较难防治的虫、螨类危害，可发挥生物防治的优势。黑缘红瓢虫是介壳虫类的天敌，每头瓢虫一生可捕食约2000头介壳虫，其幼虫和成虫可捕食介壳虫的卵、若虫和成虫，即使介壳虫外壳坚硬时，瓢虫仍可在壳表咬出小洞，将头伸入壳内取食其肉质部分；而深点食螨瓢虫从小到大均可消灭红蜘蛛的卵、若螨、成螨，其成虫平均日捕食成螨36～93头，若螨37～169头，一生可捕食数千头害螨。

三、主要病虫害及其防治

（一）枣 疯 病

枣疯病是我国枣树的严重病害之一，南北各方枣区均有发生。一旦发病，翌年就很少结果，病树又叫公枣树，发病3～4年后即可整株死亡，对生产威胁极大。

1. 危害症状　枣疯病主要侵害枣树和酸枣树。一般于开花后出现明显症状。主要表现为花变成叶，花器退化，花柄延长，萼片、花瓣、雄蕊均变成小叶，雌蕊转化为小枝。枣芽不正常萌发，病株1年生发育枝的主芽和多年生发育枝上的隐芽，均萌发成发育枝，其上的芽有大部分萌发成小枝，如此逐级生枝，病枝纤细，节间缩短，呈丛状，叶片小而萎黄。叶片病变，先是叶肉变黄，叶脉仍绿，以后整个叶片黄化，叶的边缘向上反卷，黯淡无光，叶片变淡、变脆，有的叶尖边缘焦枯，严重时病叶脱落。花后长出的叶片比较狭小，具明脉，翠绿色，易焦枯。有时在叶背面主脉上再长出一小的明脉叶片，呈鼠耳状。果实病变，病花一般不能结果。病株上的健枝仍可结果，果实大小不一，果面着色不匀，凹凸不平，凸起处呈红色，凹处是绿色，果肉组织松软，不能食用。根部病变，疯树主根由于不定芽的大量萌发，往往长出一丛丛的短疯根，同一条根上可出现多丛疯根。后期病根皮层腐烂，严重者全株死亡。

2. 致病病原 枣疯病病原为类菌原体（MLO），是介于病毒和细菌之间的多形态质粒。病原物入侵后，先运转到根部，经增殖后再由根部向上运行，引起地上部发病。枣疯病是一种系统性侵染病害，症状表现是由局部扩展至全株，全树发病后，小树1～2年、大树3～5年即可死亡。枣疯病主要通过各种嫁接（如芽接、皮接、枝接、根接）分根传染。在2～4月份，把当年生病枝的芽或枝接在苗木的1年生健壮枝上，被嫁接的枝当年就能表现症状。

3. 防治方法

（1）物理防治 一是加强枣园管理。注意加强肥水管理，对土质条件差的要进行深翻扩穴，增施有机肥、磷、钾肥料，穴施土壤免深耕处理剂200克/667米^2，或穴施"保得"土壤生物菌接种剂250～300克/667米^2，疏松土壤、改良土壤性质，提高土壤肥力，增强树体的抗病能力。二是彻底铲除重病树和病根蘖苗，及时剪除病枝。三是选用抗病品种和砧木。注意发现和利用抗病品种，选用抗病的酸枣和具有枣仁的大枣品种作砧木，以培育抗病品种。这是防治枣疯病的根本措施。

（2）化学防治 对发病轻的枣树，用四环素族药物防治。每年施药2次，第一次于早春树液流动前，在病株主干50～80厘米处，沿干周钻孔三排或环割，深达木质部，后塞入浸有250倍液去丛灵（含土霉素原粉1000万单位，河南农大植保系研制）400～500毫升的药棉，用塑料布包严，同时修除病枝。第二次于秋季在树液回流根部前（10月份），以同样的方法再次施药，对轻病树治疗效果显著。也可于夏季在病树干四周，钻孔4个，深达木质部，插入塑料曲颈瓶，用蜡封严钻孔，每株注入去丛灵液400毫升，经10小时后药液即被吸收，病枝渐渐枯焦，治疗与施药带相似。此法简便，且药液不易流失。

（二）枣缩果病

枣缩果病又称黑腐病、铁皮病，俗称干腰病、黑腰病、束腰病等，为枣果主要病害。各地均有分布，病果率为 10%～50%，严重年份达 90% 以上，甚至绝收。病果失去食用价值。

1. 危害症状　枣果在白熟期开始出现症状。初期在果实中部至肩部出现水渍状黄褐色不规则病斑，果面病斑提前出现红色，无光泽，病斑不断扩大，向果肉深处发展。果肉病斑区出现由外向内的褐色斑，组织脱水、坏死，黄褐色果肉有苦味，病斑外果皮收缩。后期外果皮呈暗红色，整果无光泽，果肉由淡绿色转成赤黄色，果实大量脱水，一侧出现纵向收缩纹，果柄也变为褐色或黑褐色。比健果提早脱落。果实瘦小，失水皱缩萎蔫，果肉黄色，松软呈海绵状坏死，味发苦。

2. 致病病原　病原为噬枣欧文氏菌，属细菌，病原在树上或落果、落叶中越冬，靠昆虫、雨水、露水传播，从伤口侵入，或在花期侵入，呈潜伏状态。若感病期阴雨连绵，或间断性晴雨交替，高温、高湿天气，连续大雾，病果率和病情指数常急剧上升，呈现暴发现象。该病的发生与刺吸式口器昆虫的虫口密切相关，介壳虫、椿象、壁虱、叶蝉以及桃小食心虫均可传病。从果梗洼变红至 1/3 变红时，枣肉含糖量 18% 以上，是该病的发生盛期。一般在 8 月中下旬开始发病，8 月下旬至 9 月初进入发病盛期。

3. 防治方法

（1）物理防治　一是在秋冬季节清理落叶、落果、落吊，早春刮树皮，集中烧毁。二是合理冬剪，改善通风透光条件，防止冠内郁闭。

（2）化学防治　花期和幼果期喷洒 0.3% 硼砂或硼酸溶液。萌芽前喷 3～5 波美度石硫合剂。7 月下旬至 8 月上旬喷 72% 硫酸链霉素可溶性粉剂 100～140 单位 / 毫升，或 50% 琥胶肥酸铜（DT）可湿性粉剂 600 倍液，或 47% 春雷·王铜可湿性粉剂 800 倍液，或

10%苯醚甲环唑水分散粒剂2 000～3 000倍液。隔7～10天喷1次，连续1～2次。

（三）枣煤污病

枣煤污病又叫黑叶病、霉污病，是一种真菌性病害。

1. 危害症状 在我国各地几乎到处可见，辽宁、甘肃、新疆、河南、山东、浙江、福建、台湾等地枣区均有分布。该病危害枣树叶片、果实和枝条，严重时叶片、枝条、果实均被黑色霉菌所覆盖，整个树冠全呈黑色。成灾后，新叶萌发少，影响叶片正常的光合、呼吸和蒸腾作用，因而造成花小、花期短、坐果少、落果多、果实小、糖分少，减产40%～80%。严重影响枣树的产量和质量，造成大量减产和绝产。

2. 致病病原 造成煤污病的大流行，由一种煤污菌引起，在同一种寄主上往往能找到多种真菌感染煤污菌，它们大多属子囊菌纲的真菌。煤污病多以世代出现在病部，因菌种不同，其无性世代分属于半知菌不同的属，菌丝暗黑色吊球状，匍匐于叶面。分生孢子形态多样。该病以菌丝、分生孢子和子囊孢子越冬，当寄主叶、枝、果有含汁液外渗或沾有蚧、蚜分泌物时，煤污菌的分生孢子和子囊孢子便以此为培养基，在上面萌发。靠风力、昆虫和雨水传播，进行重复感染。7月中旬至8月中旬为发病盛期，介壳虫、蚜虫密度同该害成正相关，雨量大、空气湿度大的年份，往往导致病害大流行。

3. 防治方法

（1）**物理防治** 加强枣园管理，合理修剪，促进枣园通风透光，降低环境湿度，秋季清扫落叶，集中沤肥或烧毁，以减少病原。

（2）**化学防治** 一般枣园在阴雨季节喷药1～2次，即可有效控制该病发生的危害。效果较好的药剂有50%克菌丹可湿性粉剂600～800倍液、10%苯醚甲环水分散粒剂1 500～2 000倍液、1.5%多抗霉素可湿性粉剂300～400倍液、70%甲基硫菌灵可湿性粉剂或 500 克/升悬浮剂 800～1 000 倍液等。

（四）枣烂果病

枣烂果病又称枣轮纹病。枣果染病后在前期较少发病，着色后、采收期及贮藏期均可发病。染病初期，以皮孔为主出现浅褐色小病斑，之后扩大为红棕色大病斑，病部果肉组织浆烂，有酸臭味，但无苦味，最后全果腐烂易脱落。目前各大枣区均有分布，是枣区重要病害之一，一旦发病则不易控制。

1. 危害症状　枣烂果病一般分为 3 种类型，即浆烂型、黑疔型和褐皮型。浆烂型表现为枣果病斑初为红色水渍状小点，迅速扩大形成侵染点明显的红色病斑。有的表面有明显轮纹，多数病斑表皮下散生黑色小点，病组织土黄色至浅褐色软腐、脓状，有酒糟味。后期病果皱缩成深红色至黑色腐果，表面密生黑色瘤状小点。黑疔型表现为病斑初期圆形，略凹陷，颜色与枣果表皮的红色相近，多数病斑直径小于 0.5 厘米，果肉组织软腐；后期失水后，病斑表皮及病组织均变为黑色，病组织易与健康组织分离，潮湿条件下病斑处可形成墨绿色霉层。褐皮型表现为病斑初于枣果梗洼周围形成浅黄色至淡褐色晕斑，边缘多不清晰。病斑向果肩部迅速扩展，边缘逐渐清晰，颜色由浅到深，形成红褐色至深红色凹陷病斑，失去光泽。果肉病组织海绵状坏死，黄褐色，味苦，病果易脱落。后期病斑处干缩，深红色至黑色，表面可产生灰褐色至黑色小点。与大枣铁皮病相似。枣烂果病也可侵染枝干，主要以细链格孢菌为主，3 种病菌或其中任意 2 种均可造成发病。在枝干上多发生在二次枝向地侧的枝腋中或针刺周围，发病初期为深红色至褐色圆形小斑，病斑逐渐扩大成褐色椭圆形大斑，边缘清晰。表面可产生黑色小点。干燥条件下，病斑易爆皮龟裂，严重时造成枝条枯死，甚至死枝。

2. 致病病原　主要致病菌为囊孢壳菌，黑疔型病果的主要致病菌为细链格孢菌，褐皮型病果的主要致病菌为毁灭茎点霉菌和细链格孢菌。烂果病多种病原菌可在枣树树体的多个部位及病残体和枣园周围的多种树体上越冬。其中，主要致病菌囊孢壳菌7月上旬侵染枣果，8月下旬为侵染高峰期，9月中旬为田间发病盛期，晾晒存贮过程中继续发病。病害的发生与8月中下旬降雨量关系密切，降雨多、湿度大时易引起烂果病大流行。

3. 防治方法

（1）物理防治 加强管理，增强树势，从根本上提高树体的抗病能力。发病后及时摘除病果，集中予以深埋，以便有效地减少该病再侵染的机会。刮除老树皮，减少越冬病原。果实采收时尽量防止损伤，减少病原菌侵入的机会。采收后的枣果要及时晾晒或烘干，以减少霉烂。贮藏前，对全库或装枣的容器用0.4%甲醛水溶液对库内外进行喷洒，同时剔除伤果、虫果和病果后，将好果置于干燥通风、低温处，防止潮湿。

（2）化学防治 早春结合刮树皮，树体喷施5波美度石硫合剂，铲除越冬病原。6月底至8月中旬，结合防治枣锈病，树上喷1:2:200波尔多液2次，可有效控制烂果病的发生。7月上旬以后，每隔半个月喷1次纯品甲基硫菌灵、胜克等化学治疗剂，消灭潜伏病原。

（五）褐斑病

褐斑病又名枣黑腐病或浆烂果病。它是我国北方枣区的一种重要病害，在河南、河北、山西、北京和陕西等地均有发生。近年来，发生日趋严重，河南省的内黄、新郑和南阳等地，流行年份病果率达50%以上，有的枣树甚至绝收。

1. 危害症状 该病主要侵害枣果，引起果实腐烂和提早脱落。一般在每年8～9月份枣果膨大发白、近着色时大量发病。前期受害的枣果，先在肩部或胴部出现浅黄色的不规则变色斑，边缘较清晰。以后病斑逐渐扩大，病部稍有凹陷或皱褶，颜色也随之加深，变成红褐色，最后整个病果呈黑褐色，失去光泽。病部果肉为浅土黄色小斑块，严重时大片果肉甚至全部果肉变成褐色，最后呈灰黑色至黑色。染病组织松软，呈海绵状坏死，味苦，不堪食用。后期（9月份）受害果面出现褐色斑点，并逐渐扩大长成椭圆形病斑，果肉呈软腐状，严重时全果软腐。枣果在出现症状后2～3天，即提早脱落。当年的病果落地后，在潮湿条件下，病部长出许多黑色、病原菌的分生孢子器。枣褐斑病的发病早晚、轻重，与当年的降雨次数及枣园空气湿度密切相关。阴雨天气多的年份，病害发生得早而且重；反之，则晚而且也轻。尤其是8月中旬至9月上旬，连续阴雨天气的时间多时，病害就可能会暴发成灾。此外，树势较弱的果树，发病会早，而且也重。枣树行间种植矮秆作物时，通风透光好，湿度小，发病也会轻。受盲椿象、桃小食心虫危害造成的伤口，有利于病原菌侵入，故发病也重。

2. 致病病原　属真菌中半知菌亚门的聚生小穴壳菌。病原菌的子座组织着生于寄主的表皮下，成熟后突破表皮外露，呈球状凸起。病原菌以菌丛、分生孢子器和分生孢子，在病果和枯死的枝条上越冬。翌年分生孢子借风雨、昆虫等进行传播，从伤口、自然孔或直接穿透表皮侵入。病原菌在6月下旬落花后的幼果期，开始侵染并处于潜伏状态，至果实接近成熟时才发病，即8月下旬至9月上旬开始发病。发病早的病果提早落地，当温度高时，又会产生分生孢子再次侵染，此期的潜育期为2～7天。

3. 防治方法

（1）物理防治　加强综合管理，增施有机肥和磷、钾肥，增强树势。枣园行间种花生、红薯等低秆作物，不间种玉米等高秆作物，保持枣园通风透光，降低枣园空气湿度，减少发病。搞好清园工作，清除落地僵果深埋，对发病重的枣园或植株，结合修剪，细致剪除枯枝、病虫枝，集中烧毁，以减少病原。

（2）化学防治　一是发芽前5～10天喷洒40%福美胂可湿性粉剂100倍液，或50波美度石硫合剂，或10%苯醚甲环唑可湿性粉剂1 500倍液，或25%咪鲜胺乳油1 000倍液，或40%氟硅唑乳油8 000倍液，铲除树体上越冬病菌。二是幼果期，每10～15天喷洒一次 50% 胂·锌·福美双可湿性粉剂 600～800 倍液，或 5% 甲基硫菌灵可湿性粉剂 1 000～1 200 倍液，连续喷洒 3～4 次。三是幼果坐齐后，每 20 天左右喷洒 1 次 200 倍倍量式波尔多液，与上述药液交替使用。

（六）枣 锈 病

枣锈病俗称串叶。枣锈病是一种流行性、毁灭性的病害，全国各枣区均多有发生。流行年份危害十分严重，可造成全株叶片在 8～9 月份大量落叶，削弱树势，果实发育不充实，成为干瘪枣。减产可达 50% 以上，甚至绝收。

1. 危害症状　此病只危害叶片，发病初期在叶背面散生淡绿色小点，而后逐渐突起呈黄褐色夏孢子堆，形状不规则，直径约 0.5 毫米，在叶尖、叶缘、侧脉和叶基部多发，后期破裂散出黄色粉末，叶正面在长夏孢子堆处产生绿色小点，病叶渐变灰黄，干枯脱落，冬孢子堆在落叶上发生。黑色突起，不突破表皮。

2. 致病病原　枣锈病的病原菌属于担子菌亚门锈菌目层锈菌属，其生活史只发现冬孢子堆和夏孢子堆 2 个阶段，冬孢子长椭圆形或多角形，顶端有厚膜，上部栗褐色，基部色淡、单胞；夏孢子球形或椭圆形，淡黄色至黄褐色，表面密生微刺、单胞。枣锈病主要以夏孢子在落叶上越冬，借风雨传播，可行多次侵染，夏孢子 6 月下旬至 7 月上旬湿度大时开始萌发侵入叶片，7 月中旬即见发病，8～9 月份为发病盛期。此病的发生与降雨关系密切，雨水多、湿度大的年份发病重。雨季此病发展快，华北平原多在后期雨季到来时发生。前期多雨的年份可以提前发生，树冠郁闭、湿度大的枣园发病较重。干旱年份发病则轻。

3. 防治方法

（1）**物理防治**　合理栽植，合理修剪，雨季排水，科学栽植。果园不能过于郁闭，保持通风透光，雨季及时排水，降低湿度，减少发病。清除落叶，减少菌源。

（2）**化学防治**　关键是首次喷药时间和有效喷药剂量。于6月中下旬喷0.5%石灰倍量式波尔多液，每隔15～20天喷1次，连喷2～3次。发病后，可选用15%三唑酮可湿性粉剂1500倍液，每隔15天喷1次，连续喷雾2～3次。

（七）枣尺蠖

1. 危害症状　又名枣步曲，在我国各大枣区均有分布，冀、鲁、豫、晋、陕五大产枣省年年大发生，北方枣区受害最重。在虫口密度大的地方，枣树嫩芽被吃光，导致二次萌芽，对产量威胁极大，有时二次萌芽被害，枣叶被吃掉70%以上，甚至叶、花被食，造成绝收。一般情况下，该虫可使枣树减产30%～60%。

2. 生活习性　该虫1年发生1代，有极少数个体2年发生1代。以蛹在树盘土壤中越夏越冬，尤以距根颈1米范围以内的深7厘米左右处分布最多。蛹一般在1月下旬解除滞育。当春季平均温度高于7℃时，成虫开始羽化出土，平均温度11～15℃时为成虫羽化出土高峰期，平均温度超过17℃时羽化终止。成虫寿命一般为5～6天，产卵于枣树主干主枝、枣股粗皮裂缝处，外盖尾部鳞毛。卵期平均22天，枣树发芽时幼虫开始孵化，5月上中旬展叶期为孵化盛期。初孵化幼虫，喜向上爬至树冠觅食，遇惊动吐丝下垂，随风飘荡。幼虫期32～39天。5月下旬至6月中旬幼虫老熟，沿树干下爬至树冠下土壤入土做室，经6～7天化蛹后越夏越冬。

3. 防治方法

（1）**物理防治**　一是保护益鸟、益虫，利用天敌除害，降低虫口密度，天敌种类包括鸡、麻雀、灰喜鹊和枣尺蠖肿跗姬蜂、家蚕追寄蝇、枣尺蠖寄生蝇等。二是冬季翻园或挖枣坑，挖蛹杀灭。三是薄膜毒绳法。早春成虫即将羽化时，在树干中下部刮去老粗皮，绑宽20厘米扇形塑料薄膜，薄膜中部用2.5%溴氰菊酯乳油1：1000倍液浸草绳后晾干捆之，将塑料薄膜向下翻卷成喇叭形，以阻止和杀死树上的雌蛾和幼虫。四是杆击法。幼虫发生期利用其假死性，以杆击枝，幼虫落地，集中人工除之。五是性诱剂灭虫。早春挖蛹，专人饲养，将羽化后未交尾的雌蛾放在特制的小铁纱笼内，虫笼下放一水盆，盆中加入 1/1 000 洗衣粉、搅匀，挂在林间树冠 1.5 米处，以诱杀雄蛾，多者 1 夜可诱杀雄蛾 200 头。

（2）**化学防治**　幼虫发生期，根据虫口密度，决定相应的防治方法。当虫口密度大时，用 2.5% 溴氰菊酯乳油 10 000～30 000 倍液，可杀虫 95%～99%。注意随着用药次数的增多，抗药性上升，药液浓度逐年升高，为防治螨类上升，适当加入杀螨剂。还可以利用苏云金杆菌，每毫升含菌量 0.1 亿～0.5 亿个菌液喷之，1 周后杀虫率可达 85%，同时能保护天敌，是综合防治有效措施之一。若在菌液中加入少量农药，可大大提高其杀虫率。另外，7501（从枣步曲幼虫体内分离出的一种产品芽孢杆菌）和 7216（湖北省天门县微生物试验站引进）以 1 亿个活菌/毫升含菌量喷后，林间枣步曲死亡率达 95%，对人、畜极为安全。

（八）枣 粉 蚧

1. 危害症状　俗名树虱子。易在华北地区各大枣区发生危害，以成虫和若虫刺吸枣枝和枣叶中的汁液，导致枝条干枯、叶片枯黄、树体衰亡、减产严重。该虫黏稠状分泌物常招致霉菌发生，使枝叶和果实受污染表面发黏、发黑，如煤污状；同时，枣果被爬行刺吸后也易产生缩果病、浆烂枣，影响树势、果品品质及产量。

2. 生活习性　该虫 1 年发生 3 代，以成虫或若虫在树的枝干粗皮缝中越冬，翌年 4 月下旬出蛰。第一代枣粉蚧发生期为 5 月下旬至 7 月下旬，若虫孵化盛期为 6 月上旬。第二代发生期为 7 月上旬至 9 月上旬，若虫孵化盛期为 7 月中下旬。第三代枣粉蚧 8 月下旬发生，若虫孵化盛期为 9 月上旬，此代在枣树上危害时间不长即进入树皮缝内越冬。每年 6～8 月份是枣粉蚧的 1～2 代若虫危害最严重时期，7 月份进入雨季后，枣粉蚧的虫口密度由于受雨水的冲刷而降低。

3. 防治方法

（1）**物理防治**　一是在冬季和早春期间刮除树干、枝及树权处的老粗皮，并集中烧毁，对全树喷涂3～5波美度石硫合剂，或对主要枝干涂白。二是于4月中旬对树干及各大骨干枝涂宽1～2厘米的黏虫胶环，以阻止上树及集中向越冬枝转移危害，并黏死部分害虫。

（2）**化学防治**　6月上旬、7月中下旬为若虫孵化盛期，此期防治效果好。若虫变成虫后会着生白色蜡粉，不易有效防治。因该虫多为傍晚及夜间取食，故喷药应选在傍晚进行。所选药剂有25%噻嗪酮可湿性粉剂1 500～2 000倍液（提前2天应用），或30%乙酰甲胺磷乳油500倍液，或25%喹硫磷乳油1 000～1 500倍液等。

（九）枣截干虫

1. 危害症状　又称豹蠹蛾。主要危害枣和核桃，也可以危害苹果、梨、杏、石榴等。以幼虫蛀食枣吊、枣头及2年生部分组织。枣枝受害后枯死，遇风易折断，形成"截干"现象，使树冠不能扩大，影响树势和产量。

2. 生活习性　1年发生1代，以幼虫在被害枝条内越冬，翌年枣芽萌动时，越冬幼虫开始沿枝条髓部向上蛀食，并向外开有排粪孔排出粪便。6月上旬幼虫老熟后开始化蛹，下旬成虫羽化，7月中旬为成虫发生盛期。成虫有趋光性，多在夜间活动。卵常数粒产在一起或单产，卵期9～20天。初孵幼虫多蛀食枣吊的维管束部分，随虫龄的增长而转移至枣头嫩尖的髓心部分。大龄幼虫则可蛀食枣头基部的髓心木质部分，均从蛀孔向先端部分蛀食，使蛀孔至端部不久即枯萎死亡，枣吊逐渐萎缩，枣果脱落。蛀入新梢后，新梢随即枯萎，幼虫又可转梢危害，致使当年生枣头大量被害，被害枝条常在蛀孔处遇风折断。10月份以后幼虫即在被害枝内越冬。

3. 防治方法

（1）**物理防治**　保护和利用天敌资源，如小茧蜂、蚂蚁及鸟类。5～10月份在幼虫蛀食危害期，经常巡查枣园，发现被害枝梢或枣吊应及时剪除，集中烧毁。6月下旬至7月份，利用黑光灯诱杀成虫。冬季剪除虫枝，以消灭越冬幼虫。

（2）**化学防治**　对蛀入孔注入80%敌敌畏乳油200倍液，用泥封口。

（十）桃小食心虫

1. 危害症状　简称"桃小"，又名桃蛀果蛾，俗称钻心虫。广泛分布于全国各大枣区及苹果、桃等产地。除危害枣外，还可危害苹果、桃、梨、山楂等。幼虫在枣果内枣核周围蛀食危害，被害果内充满虫粪，提前变红、脱落，严重危害枣果的产量和质量。

2. 生活习性　1年发生1～3代，多数2代，以老熟幼虫在土中结扁圆形冬茧越冬。以树干周围1米以内、土表下3～8厘米深处最多。北方枣区翌年5月上旬前后幼虫开始破茧出土，出土可一直延续至7月中旬。幼虫出土时间的早晚、数量多少与5～6月份的降雨关系密切，降雨早，则出土早，雨量充沛且集中，则出土快而整齐；反之，雨量小，降雨分散，则出土晚而不整齐。幼虫出土后，1天内即可在树干基部附近的土缝、石缝或杂草根际处吐丝，结成纺锤形的夏茧后化蛹。蛹期9～15天。6月下旬至7月上旬为成虫发生盛期，直至9月份仍有成虫发生。成虫白天潜伏于枝干、树叶及草丛等背阴处，日落后开始活动，深夜最为活跃，交尾产卵，卵多产在枣叶背面基部，少数产在枣果梗洼处。幼虫孵出后多从枣果近顶部和中部蛀入。幼虫蛀入果后，先在果皮下潜伏，果面可见淡褐色潜痕，不久便可蛀至枣核，在枣核周围边取食边排粪，使枣核四周充满虫粪。幼虫期约17天，后老熟、脱果入土结茧。第一代幼虫盛发期在7月下旬至8月上中旬，第二代幼虫盛发期在8月中下旬至9月上旬。不同的早熟品种，其受害程度不同。

3. 防治方法
（1）**物理防治**　一是利用天敌。中国齿腿姬蜂和甲腹茧蜂等是桃小食心虫的寄生性天敌。另外，从澳大利亚引进的新线虫和我国山东发现的泰山1号线虫，对桃小食心虫的寄生能力都很强，杀虫效果分别为91.8%～95%和70.8%。二是结合秋施基肥，把树盘半径1米内的表层土壤及落地虫果填入施肥坑底部，可以消灭大量越冬幼虫。4月中旬树盘覆盖地膜，用土压严可以阻挡羽化的成虫飞出产卵。

（2）化学防治 一是树下防治。当出土幼虫达5%时，开始地面施药，将越冬幼虫毒杀于出土过程中，常用药剂有48%毒死蜱乳油800倍液、25%辛硫磷胶囊剂200倍液和50%二嗪磷或二嗪多乳剂200倍液等。在树冠下距树干1米范围内的地面细致喷雾，喷至地面湿透。也可将药液加于50千克细土中，混合均匀，制成毒土，撒于树下。也可用3%辛硫磷颗粒剂或3%地亚龙颗粒剂，每667米^{2}用7千克，均匀撒于树盘中。无论采用哪种方法，施药后都应浅锄，锄后盖土或覆草，以延长药剂残效期，提高杀虫效果。二是树上喷药。根据测报效果，发现少量成虫时开始喷洒25%灭幼脲3号可湿性粉剂1 500倍液，或20%虫酰肼悬浮剂2 000倍液，每10～15天1次，连续喷洒2～3次，杀灭虫卵及初孵幼虫。

（十一）红 蜘 蛛

1. 危害症状 又名火龙虫、火珠子。据各地报道，危害枣树的红蜘蛛有朱砂叶螨、截形叶螨、二斑叶螨、山楂叶螨4种，都属蛛形纲蜱螨亚纲真螨目叶螨科害螨，其中尤以前三者常见，从西北部的陕西至华北的河北、山西到河南、山东等地都有分布。以若虫、成虫危害枣叶片，被害叶由绿变黄，进而枯落，严重时整树叶片布满虫体，丝网枯，呈枯焦状，几近绝收。

2. 生活习性 我国北方地区1年发生12～15代，在平均温度20℃以上时，完成1代需要17天以上，28℃时仅需7～8天。以雌螨在树干周围土壤缝隙和树干翘皮下越冬，开春后多在杂草、间作物、枣树根蘖上危害。在华北枣区的6月中下旬，春季作物收割后转移上树危害，因温度上升，上树后繁殖加速，6月底至8月中旬遇到高温干燥天气，即能出现暴发性的猖獗灾害。

3. 防治方法

（1）**物理防治** 萌发前保护天敌或饲养草蛉等捕食性天敌，如食螨瓢虫、捕食蝽、肉食螨，喷药时要错过天敌高峰期，以维护生态平衡。麦收前树干中部涂 10 厘米宽的黏虫胶环，防止害虫上树危害。冬季刮树皮，翻刨树干近旁的土壤，清除枣园附近的杂草，以消除越冬虫卵。

（2）**化学防治** 在枣树萌芽前，对树上和树下喷洒 3～5 波美度石硫合剂，麦收前注意观察虫情，当有虫叶片达到 25% 左右、有虫叶片平均有虫 2～3 头时，及时进行化学防治，可选用 10% 浏阳霉素可湿性粉剂 1 000～1 500 倍液、25% 华光霉素可湿性粉剂 400～600 倍液，全树喷布防治。在若虫发生高峰期喷 73% 炔螨特乳油 1 000 倍液或 40% 乐果乳油 1 500 倍液。成螨数目较大时，选用 20% 四螨嗪悬浮剂 2 000～3 000 倍液或阿维菌素等药剂防治，喷布液中最好添加 500 倍液中性洗衣粉，可增强药液黏着性能，提高防治效果。

（十二）枣裂果病

枣裂果病是枣果成熟期因水分失调而发生的一种生理性病害。全国各个枣产区均有发生，河北省和山东省的金丝小枣最易发生裂果病，当果实接近成熟时，一场小雨就会引发大批的果实果皮开裂，进而引起酵母菌大量繁殖，发生溃烂，造成严重的经济损失。

一般在枣果发育到白熟期，遇到 30℃ 以上的高温干旱天气时，果实的向阳面就会引发日灼伤，当果实进入脆熟期，果肉中糖酸等营养物质积累，遇到阴雨天或果面有长时间凝露的天气，水分由日灼伤口进入果肉，引起果肉吸水膨胀撑破果皮，造成裂果。此病也可能与缺钙相关。不同品种的抗裂果能力不一样，抗裂果的品种在裂果严重的年份也可能出现严重的裂果。

1. 危害症状 在果肩部轻微横裂，或横裂成圈，也有的在胴部纵裂，或纵横交错裂口严重的。

2. 防治方法 首先在建园时根据当地降雨规律，选择抗裂果的品种；果实进入白熟期要注意防旱灌水，控制土壤含水量大于14%，防止枣果产生日灼伤，灌水后也可以地面覆盖地膜或全年覆膜。一般在 7 月下旬喷施 30 毫克 / 升的氯化钙溶液，每隔半个月喷施 1 次，直到采收，可显著降低枣裂果病。喷施时可以与其他害虫防治相结合。

四、枣树营养元素缺失与防治技术

（一）缺铁症

枣树的缺铁症，也叫黄叶病，一般多在盐碱地和石灰质过高的地区发生，这些地区的土质过碱，含有大量的碳酸钙，使土壤中可溶性的铁变成不溶性的，根系无法吸收，因此发生缺铁症状，且幼树最容易发生。

1. 症状 当新梢上的叶片变黄或者黄白色，但叶脉仍然呈现绿色，老叶正常，就是缺铁了，随后叶片逐渐变白，叶脉变黄，叶尖会出现焦褐斑，叶片焦枯脱落。严重时会造成梢枯、枝枯，果量减少，果皮发黄，果汁少，品质下降。

2. 防治方法 改良土壤，增施农家肥、绿肥，使土壤中的铁变成可溶性的便于根系吸收利用；在土壤中施用硫酸亚铁，将0.5 千克硫酸亚铁（0.3%）与 5 千克饼肥或 50 千克粪肥混匀后施用，一般有效期 6 个月左右。在生长季叶面喷施 0.3%～0.4% 硫酸亚铁溶液，或全效的植物营养素溶液均有很好的效果。另外，采用树干注射法或者灌根法也能有效地补充铁元素，在树干上注射0.2%～0.5% 的柠檬酸铁或者 0.1% 的硫酸亚铁 10～15 毫升。

（二）缺硼症

1. 症状 土壤中硼含量低于 0.1 毫克 / 千克，或者树体中硼含量低于 2 毫克 / 千克时，就会出现缺硼症。表现为枝梢顶端停止生长，新梢呈棕色，幼叶畸形，叶片扭曲，花器官发育不健全，严重落花落果，"花而不实"，果实出现缩果、畸形、裂果。

2. 防治方法 在开花前 1 个月或秋季与施肥相结合，给枣树施适量的硼砂或硼酸，树干直径在 8 厘米以下的枣树施硼砂 30～50 克，树干直径在 8～17 厘米的枣树施用 50～150 克，树干直径在 18～25 厘米的枣树施用 200～350 克，树干直径在 26 厘米以上的枣树施用 350～500 克。同时，增施农家肥或生物菌肥改良土壤，增加土壤中可吸收状态的硼是一种治本的方法。在花期和坐果期喷施 2～3 次 0.5% 红糖 +0.3%～0.5% 硼砂或 0.2%～0.3% 的硼酸溶液，效果显著。在施用硼肥时一定要均匀，以免局部硼浓度过高造成中毒。

（三）缺钾症

1. 症状 枣树缺钾症通常表现的外观症状为：缺钾时叶缘和叶尖失绿，呈棕黄色或棕褐色干枯，发病症状从枝梢的中部叶开始，随着病势的发展向上下扩展。幼叶没有症状。

2. 防治方法 地下基施或追施硫酸钾或磷酸二氢钾，每株成年枣树用量 0.5～1.5 千克；撒施土壤生物菌接种剂，改善土壤结构，提高土壤透气性能，释放被固定的肥料元素，增加土壤中速效养分的含量；叶面喷施 0.4% 磷酸二氢钾或 0.3% 硫酸钾，15 天 1 次，连续喷 3～4 次。磷酸二氢钾作根外追肥时不可与含有金属离子的农药混用，要掌握好使用浓度，切勿浓度过高，以免造成肥害。

（四）缺钼症

1. 症状 钼是枣树生长发育过程中需求量较少的一种微量元素，主要参与氮素的代谢过程，缺钼症的主要表现是生长发育不良，植株矮小，叶片失绿，枯萎坏死。

2. 防治方法 幼果期叶面喷施 0.05%～0.1% 钼酸铵溶液，10～15 天之后再喷施 1 次。施用土壤改良剂，改善土壤理化性质，提高土壤中可吸收营养元素的利用率。结合施肥，每 667 米² 施用 200～300 克钼酸铵。注意不能与酸性肥料一起施用，否则导致溶解度下降，降低肥效。

第七章
采收及采后处理

一、适宜采收期

枣果在生长发育过程中，其大小、形状、颜色等发生一系列变化。根据枣果后期生长发育的特点，可将枣果的成熟期划分为白熟期、脆熟期和完熟期3个阶段。白熟期指枣果大小、形状已基本固定，果皮绿色减退，开始由绿变绿白色或乳白色，果实硬度大，果汁少，味略甜。脆熟期指枣果皮色开始变红，果实半红直至全红，果肉绿白色或乳白色，质脆汁少，甜味浓。完熟期指枣果果肉变软，皮色全红或深红、微皱，用手易将果掰开，味甘甜。

在生产中应根据不同品种用途、不同加工方法来确定最适宜的采收期，才能保证枣果的商品质量。

加工蜜枣、糖枣时，应以白熟期采收为宜，此时果实体积不再增大，肉质已开始松软、汁少、糖分含量低。加工蜜枣时糖分易浸入，且由于果皮薄、柔韧，加工时不易脱皮，加工的成品晶亮、半透明，质量好。加工乌枣、醉枣、南枣时，应在脆熟期采收，才能保证乌枣成品乌紫发亮、黑里透红、枣肉紧、不易变形、不脱皮，使醉枣成品色泽鲜红、风味清香。采收期不当会使加工品光泽性变差。

鲜食品种如梨枣、冬枣等，应在脆熟期采收，此时鲜果色泽鲜艳、脆嫩多汁、酸甜可口、耐贮藏。鲜食品种若采收过早，则枣果皮色青绿、品质差。若采收过迟，则枣果实色泽发黑且果肉失水变软。

制干品种如灰枣、鸡心枣、金丝小枣等应在完熟期采收，此时果实在生理上已充分成熟，糖分转化基本结束，含糖量高，水分少。此期采收制干率高，并且加工制干品色泽紫红浓艳、果形饱满、果肉肥厚、富有弹性、易贮运。制干品种采收过早，则枣果颜色泛黄，且果实干瘪，成为"黄皮枣"。采收过晚，易使果肉糖化，成为"糖瓢枣"，难以制干和存放。

另外，枣因开花期长，枣果结得有迟有早，即使在同一株树上，各部位的果实着色可能也会不一致，有的品种表现得更为突出，需根据具体情况分期分批采收，以求每次采枣在成熟度上保持一致。

二、采收方法

枣果的采收应依据品种特点和果实用途而采取相应的采收方法。现在，枣果采收方法主要有手摘法、打落法和乙烯利催落法。

（一）手 摘 法

此法适用于鲜食枣和做醉枣的原料，或用于较低矮的枣树。采用手摘法的主要目的是保留枣果美观的外表。可依据枣树的成熟情况，有选择地准确采收合乎要求的果实，如在同一株枣树上，果实成熟情况差异较大时，可进行分期采摘，同时也能尽量减少枣果损伤，进而提高枣果的耐贮性，采用手摘法不仅从整体上提高了枣果的质量，同时也延长了鲜枣的供应时间，但工效低。

采用手摘法时，选好要采的枣果后，用手捏住枣果，然后向上用力将枣果摘掉，最好带果柄，这样既美观又耐贮藏。采摘时不宜向下用力采摘，否则易把果柄弄掉，同时也易造成枣果损伤，降低枣果的贮藏性能。

（二）打 落 法

此法适用于制干、加工用的枣果采收，或是较高大的枣树。一般是一次性采尽。

为减少果实因跌落到地面引起破伤和拾枣用工，可在树下撑布单接枣，用木杆或竹竿先打振大枝，晃落成熟的枣果，收起后再用木杆打振梢部尚未完全成熟的果实，应分别存放。打落法劳动强度大，对树体损伤也大，常造成枝条损伤，有的将枝条打断，有的打破树皮，造成终生不能愈合的"杆子眼"。同时，在打枣的过程中，会将大量的叶片打落，因而对树势影响较大，有碍翌年生长结果。

（三）乙烯利催落法

为克服木杆打枣的缺点，近年来，各地进行了各种试验，但以乙烯利催落法最为有效，可操作性强。

在枣果正常采收前 5～7 天，全树仔细喷布 1 次 200～300 毫克/千克乙烯利水溶液（以 40% 乙烯利原液的体积计算）。喷后第二天开始生效，喷药后第三至第四天，果柄离层细胞逐渐解体，只留下维管束组织尚保持果实与树体连接。第四至第五天进入落果高峰，只要轻轻摇动枝干，果实即全部脱落，可大大提高采收工效。

乙烯利是一种植物生长调节剂，不同浓度对果树生长、发育、催熟、催落的作用都不一样，因而在使用时一定要谨慎，以免浓度过高损伤树体，很多应用者发现当浓度超过 350 毫克/千克时，枣叶即开始大量脱落。但浓度过低，达不到预期的效果。因此，必须先对每批乙烯利做小型试验，然后再全面喷施。同时，催落速度与喷施的时期有关，一般是越近采收期，催落用的时间就越短。喷药时一定要力求做到均匀周到，不宜过重，防止叶片受害脱落。若喷后遇雨，应当补喷。对于某些果皮很薄的品种及早熟的生食脆枣不宜施用乙烯利，以免枣果变绵，风味改变。

三、鲜枣的分级、包装与运输

（一）鲜枣质量标准与分级

国家标准《鲜枣质量等级（GB/T 22345-2008）》，对鲜食枣及作蜜饯用鲜枣的质量分级标准做了较详细的规定，见表 7-1 和表 7-2。品种间果个大小差异很大，每千克果个数不做统一规定，各地可根据品种特性，按等级自行规定。冬枣、梨枣的果实大小分级标准参见表 7-3。

表 7-1　鲜食枣质量等级标准

项　目		等　级			
		特　级	一　级	二　级	三　级
基本要求		脆熟期采收。品种纯正，果形完整，果面光洁，无残留物。果肉脆适口，无异味和不良口味。无或几乎无尘土，无不正常的外来水分，基本无完熟期果实。最好带果柄			
果实色泽		色泽好	色泽好	色泽较好	色泽一般
着色面积占果实表面积的比例		1/3 以上	1/3 以上	1/4 以上	1/5 以上
果个大小		果个大，均匀一致	果个较大，均匀一致	果个中等，较均匀	果个较小，较均匀
可溶性固形物		≥ 27%	≥ 25%	≥ 23%	≥ 20%
缺陷果	浆烂果	无	≤ 1%	≤ 3%	≤ 4%
	机械伤	≤ 3%	≤ 5%	≤ 10%	≤ 10%
	裂果	≤ 2%	≤ 3%	≤ 4%	≤ 5%
	病虫果	≤ 1%	≤ 2%	≤ 4%	≤ 5%
	总缺陷果	≤ 5%	≤ 0%	≤ 15%	≤ 20%
杂质含量		≤ 0.1%	≤ 0.3%	≤ 0.5%	≤ 0.5%

表7-2　作蜜枣用鲜枣质量等级标准

项　目	等　级		
	特　级	一　级	二　级
基本要求	白熟期采收。果形完整。果实新鲜，无明显失水。无异味		
品　种	品种一致	品种基本一致	果形相似品种可以混合
果个大小	果个大，均匀一致	果个较大，均匀一致	果个中等，较均匀
缺陷果	≤ 3%	≤ 8%	≤ 10%
杂质含量	≤ 0.5%	≤ 1%	≤ 2%

表7-3　冬枣和梨枣果实大小分级标准

品　种	单果重（克/个）			
	特　级	一　级	二　级	三　级
冬　枣	≥ 20.1	16.1～20	12.1～16	8～12
梨　枣	≥ 32.1	28.1～32	22.1～28	17～22

（二）包　装

包装材料应坚固、干净、无毒、无污染、无异味。包装材料可用瓦楞纸箱（其技术要求应符合 GB/T 13607 的规定）、塑料箱和保温泡沫箱。外包装大小根据需要确定，一般不宜超过 10 千克。内包装材料要求清洁、无毒、无污染、无异味、透明、有一定的通气性，不会对枣果造成伤害和污染。包装容器内不得有枝、叶、沙、石、尘土及其他异物。

在包装上打印或系挂标签卡，标明产品名称、等级、净重、产地、包装日期、包装者或代号、生产单位等。已注册商标的产品，可注明品牌名称及其标志。同一批货物，其包装标志应统一。

作蜜枣用的鲜枣只用外包装，包装材料可用编织袋、布袋、尼龙网袋和果筐等大容器。包装标志可以适当简化。

（三）运　输

运输应采用冷藏车或冷藏集装箱，运输工具应清洁卫生、无异味，不与有毒有害物品混运。装卸时轻拿轻放。鲜枣做蜜枣用时，在不影响加工蜜枣品质的情况下，可常温运输。

四、鲜枣贮藏保鲜

鲜枣果实外观美丽，脆甜可口，营养丰富，素有"活维生素丸"之称。但在采摘后如不进行保鲜处理，室温条件下，一般自然存放5～7天就会变软，失去鲜脆状态，1周后明显失水皱缩，维生素C含量大幅下降，有的出现果肉腐烂，果实失去食用价值。

（一）影响鲜枣贮藏性的主要因素

第一，鲜枣的贮藏性与采前栽培措施密切相关，枣树的整形修剪、疏花疏果、土肥水管理、病虫防治及生长调节剂的施用等都会影响鲜枣的贮藏性。一般来讲，树体修剪通风透光好、生长期多施钾肥、生长后期减少灌水量、病虫害防治合理、环境污染轻的枣树，其鲜枣较耐贮藏。

第二，鲜枣生长期的环境因素，包括温度、降水量、光照、土壤等对鲜枣的贮藏性有一定影响，在鲜枣采收前4～6周，昼夜温差大、光照长、干旱少雨的地区，鲜枣耐贮藏。反之，温度高、光照少、雨水多的地区鲜枣则不耐贮藏。

第三，鲜果采摘时的成熟度很关键。一般成熟度越低越耐贮藏，但采收过早，含糖量低，风味差，营养积累少，而呼吸代谢旺盛，消耗底物多，加之枣果表面保护组织发育不够健全，保水力差，易失水；采收过晚，果实活力低，抗外界不良条件能力差，不耐贮藏。因此，鲜食用品种在半红期采收为宜。

第四，采前的不同化学处理会影响鲜枣贮藏性。为提高采收效率，在枣果采收前 1 周喷施乙烯利，则其枣果不能贮藏，只能用于加工。采前 20～30 天喷施 1%～1.5% 氯化钙溶液，可增强鲜枣的耐藏性。需要注意的是，生产绿色食品、有机食品，在采前应尽量少用或不用化学药品。

第五，贮藏环境的温度、湿度与气体环境对鲜枣贮藏至关重要。随着环境温度降低，鲜枣失水率显著降低，成熟度低的果实失水率大于成熟度高的果实。低温能够延缓枣果皮变红。

（二）鲜枣贮藏技术

目前，生产中常用的鲜枣贮藏保鲜措施主要有低温贮藏、气调贮藏等。无论采用哪种贮藏方法，枣果采摘后入库前都要采用喷水降温或浸水降温的方法进行预冷处理，目的是避免果实带入大量的田间热量，使呼吸减弱，有利于延长贮藏期。也可以在预冷之后放入 0.2% 氯化钙溶液中浸果半小时，但药剂处理的效果与品种有关，应用时要提前试验选择适宜的药剂种类及适用浓度，之后再分装入有孔塑料袋或保鲜膜袋中，包装入库。

入库前半个月，贮藏库要充分检修、清扫，做好消毒工作，消毒方法有以下几种：①漂白粉消毒。库房内的工具用 0.25% 的漂白粉喷施或清洗。②硫磺熏蒸。一般每立方米用 10～15 克硫磺点燃，密闭库房 2～3 天进行熏蒸。注意二氧化硫对金属器皿有一定的腐蚀作用，使用时需要防护金属用具。③臭氧杀菌。用臭氧发生器释放臭氧，密闭 1～2 天，杀菌效果较好。

入库前 3～4 天，库房要充分地通风透气，入库前 1～2 天要将库房内的温度降至 -1～0℃。鲜枣在预冷之前放入 0.2% 氯化钙溶液中浸果半小时，捞出晾干，可有效地提高鲜枣的耐贮性，但药剂处理的效果与品种有关，应用时要提前试验，以便选择适宜的药剂种类及适用浓度。也可将鲜枣在 30 毫克/升的赤霉素溶液中浸泡 10 分钟，晾干后即可预冷入库（在果实采收前 4～6 天，对全树的果实均匀喷施 30 毫克/升的赤霉素溶液也可达到同样的效果）。为保证库内温度不波动过大，每次入库量最好不要超过库容量的 20%。

鲜枣常用的贮藏方法有低温贮藏法、气调贮藏法和速冻贮藏。

1. 低温贮藏法　用于贮放鲜枣的机械制冷库房，应于果实入库前半个月进行清理，再用硫磺熏蒸消毒，密闭 24 小时，然后开库 2～3 天，排除有毒气体后闭库制冷，使库温降至 0℃左右。之后枣果入库，分装的枣果在贮藏架上应避免堆放过厚，否则不利散热，且易压伤果实。鲜枣贮藏的最适温度为 0℃，严格控制库温，允许上下波动幅度为 1℃，空气相对湿度保持在 90%～95%，且能通风换气，控制库房内二氧化碳浓度在 2% 以下。经常抽样检查果实变化情况，必要时及早出库。利用低温冷库贮藏，一般鲜食中晚熟品种能贮藏保鲜 30～40 天，个别耐藏的品种，如沾化冬枣可保鲜 60～90 天。

2. 气调贮藏法　与低温冷库贮藏的程序基本相同。枣果采收后，应尽快预冷、精选、装袋入库。气调贮藏是通过计算机自动调节，把环境控制到鲜枣贮藏所需的最佳条件：0℃±1℃，空气相对湿度 90%～95%，氧气 3%～5%，二氧化碳为 0%。自动气调库设备先进，贮藏规模大，贮藏保鲜期长，保鲜效果好，一般中晚熟品种可贮藏 90～100 天，耐藏冬枣品种可贮藏 110～120 天。

3. 速冻贮藏法　这种贮藏主要是采用冷处理和低温贮藏 2 种方法，可使鲜枣贮藏保鲜 12 个月以上，腐烂果率低于 3%，果实水分和糖分保存率可达 95%，维生素 C 保存率达 85%，贮藏后果实仍然饱满鲜亮，果肉甜脆不变味。同时，不使用任何化学物质处理果实，对生产者和消费者都比较安全，对环境也无污染和危害。这种贮藏方法包括预冷、冷冻、贮藏和解冻几个过程，先将鲜枣预冷降温到 0～5℃后，再在 -30℃冷冻保存，解冻温度保持在 0～5℃，空气相对湿度大于 50%，可使枣的贮藏期延长至 12 个月以上，实现鲜枣的周年供应。

五、枣主要加工类介绍

我国枣加工历史悠久，加工方法很多，除传统的蜜枣、乌枣、南枣等加工制品外，近年来又开发了近 40 种枣制品。按加工方法分类，枣制品可分为 5 类。

（一）干制品类

1. 红枣　是由充分成熟的鲜枣制成的，我国枣加工量最大，方法最简单，是用途最广的干制品。干制方法主要有晾干法、晒干法、烘烤法和干制机干燥法。另外，近年来新发展起来的有冷冻升华干燥法、微波干燥法、远红外线干燥法、太阳能干燥法等。

2. 保健红枣干　是以红枣为原料，配以当归、枸杞、党参、茯苓、肉桂、甘草、蜂蜜等滋补中药材，大大提高了红枣的营养滋补作用。主要工艺流程：

红枣干→选料→泡洗→沥干→去核→汽蒸→配液→喷液→烘烤→包装→成品

3. 乌枣　又称黑枣、熏枣。香味独特，别具风味。其性热，民间作为滋补珍品。主要工艺流程：

鲜枣→选料→清洗→预煮→冷浸→晾坯→熏制→包装

4. 南枣　南枣是浙江义乌、金华一带枣区为适应多雨的气候条件而创造的烘烤和日晒相结合的干制产品，其外形与乌枣相似。主要工艺流程：

鲜枣→选料→清洗→烫红→熟煮→干制→包装

5. 焦枣　又称脆枣，焦香酥脆，风味独特。主要工艺流程：

选料→泡洗→去核→烘烤→上糖衣→冷却→包装

6. 枣肉干　生产历史悠久，尤以河南省永城枣肉干最负盛名，明清时代一直作为贡品，香气浓郁、蜜甜可口，主要用来做粥。主要工艺流程：

选料→削皮→软化→去核→整形→闷枣→复干→包装

（二）糖制品类

1. 金丝蜜枣　又称京式蜜枣、北式蜜枣，是我国三大蜜枣之一（另两种是徽式蜜枣和桂式蜜枣）。成品呈琥珀色，透明或半透明，素有"金丝琥珀"之称，驰名中外。主要工艺流程：

选料→分级→清洗→划枣→熏硫→水洗→糖煮→糖渍→初烘→整形→回烘→分级→包装

2. 高糖枣　又称南式蜜枣、徽式蜜枣、糖枣等，生产历史悠久。它与金丝蜜枣不同之处是未经过熏硫处理，颜色较深，不透明。主要工艺流程：

选料→分级→清洗→划枣→糖煮→倒锅→初烘→整形→回烘→分级→包装

3. 无核糖枣　是以红枣为原料，经去核、糖煮等工艺制成，色泽鲜艳、紫红透明，桂花香味，山西省芮城的无核糖枣最负盛名。主要工艺流程：

选料→泡洗→去核→糖煮→糖渍→洗糖→烘烤→包装

4. 多味枣　是一种介于蜜枣与红枣之间的新枣制品，具有多种风味，弥补了蜜枣甜味过浓的缺点。主要工艺流程：

选料→清洗→分级→划枣→熏硫→冲洗→腌制→干燥→包装

5. 话枣　属凉果类，具有糖、酸、香料、食盐等融洽的良好风味，甜酸可口，芳香浓郁，回味悠长。另外，玉枣、枣应子、枣酱、枣泥、枣果冻、枣蓉等均属此类。主要工艺流程：

选料→去皮→腌制→退盐→浸糖→干燥→包装

（三）饮料类

1. 红枣汁　不但含有丰富的糖、有机酸、维生素和矿物质等，还具有较强的营养滋补作用，而且色泽诱人，枣香浓郁，酸甜可口，是一种很好的滋补饮料。主要工艺流程：

选料→烘烤→清洗→浸提→过滤→澄清→调配→脱气→杀菌→装瓶→封口→倒瓶→冷却→成品

2. 浓缩红枣汁　浓缩红枣汁体积小，营养价值高，可溶性固形物含量达 60%～65%，既可节约包装和运输费用，又可长期保藏。主要工艺流程：

选料→烘烤→清洗→浸提→过滤→浓缩→杀菌→冷却→灌装→冷藏

3. 鲜枣带果肉果汁　是一种新型果汁，含有大量枣果肉微粒和丰富维生素 C，具有浓厚鲜枣风味。主要工艺流程：

选料→去皮→去核→打浆→微粒化→调配→均质→脱气→杀菌→灌装→冷却→成品

4. 红枣可乐、红枣汽水和红枣汽酒　这 3 种制品同属碳酸饮料，加工工艺和设备相同。这些制品集清凉止渴和营养保健为一体，很有发展前途。工艺流程：

选料→清洗→浸提→澄清→过滤→浓缩→糖浆配合→灌原液→灌碳酸水→压盖→检验→成品

5. 红枣酒　根据制取方法不同又分为配制红枣酒和发酵红枣酒。配制红枣酒是用食用酒精将红枣中的可溶性成分浸提出来，然后用糖、食用色素、食用香精等勾兑而成，酒度可调成 15°～60°，方法简单、快速，但风味不及发酵红枣酒纯真。发酵红枣酒是以红枣和充分成熟的鲜枣为原料，经发酵制成，酒度一般在 15°～17°，颜色金黄，晶亮透明，食之醇厚柔和。发酵红枣酒经蒸馏后成为蒸馏红枣酒，其酒度达 50°～60°。工艺流程：

选料→浸泡→破碎→果汁调整→主发酵→过滤和压榨→后发酵→陈酿→澄清→过滤→调配→杀菌→装瓶→成品

6. 红枣口服液　是用红枣、桂圆、米仁、银耳和蜂蜜等原料精制而成，具有滋补作用，是幼儿营养健身佳品。工艺流程：

选料→配料→提取→过滤→浓缩→95% 乙醇提取→过滤→浓缩→稀释→调配→装封→杀菌→成品

（四）罐 头 类

1. 醉枣　又称酒枣，是我国北方枣区一种传统的枣制品，醇香浓郁，色泽鲜红，脆甜宜人。工艺流程：

选料→精洗→蘸酒→装罐→密封→贮存→成品

2. 糖水玉枣罐头　以鲜枣为原料，在加工过程中未经高温反复煮制，较好地保存了鲜枣固有的色、香、味和营养成分，枣面洁白如玉，故称玉枣，维生素 C 含量高。工艺流程：

选料→分级→去皮→预煮→装罐→排气→封口→杀菌→冷却→擦罐→预放→检验→成品

3. 糖水红枣罐头　以红枣为原料的加工制品，不受季节限制，四季均可生产。其维生素 C 含量不及糖水玉枣罐头，但别有风味。工艺流程：

选料→泡洗→预煮→漂洗→抽气→装罐→排气密封→杀菌→冷却→擦罐→预放→检验→成品

（五）综合利用类

1. 枣醋　是经发酵后制成的，醋酸达 5%～7%，是一种较好的醋制品。工艺流程：

选料→泡洗→破碎→酒精发酵→酸坯→淋醋→调整→陈酿→消毒→装瓶→成品

2. 枣红色素　是一种从枣皮中提取出来的天然食用色素，无毒副作用，安全性高，有一定的开发利用价值。工艺流程：

选料→洗净→烘烤→浸提→过滤→干燥→包装

附　录

附录1　枣树不同物候期病虫害及其综合防治

一、枣树各物候期出现的病虫害

1. 萌芽展叶期　这个时期发生危害的主要是虫害，包括鳞翅目的枣尺蠖、枣黏虫，双翅目的枣瘿蚊，同翅目的粉蚧、草履蚧和龟蜡蚧，半翅目的绿盲蝽，主要危害部位在幼叶、芽和嫩枝。

2. 花期　花期发生危害的主要也是虫害，包括红蜘蛛、绿盲蝽、龟蜡蚧、枣锈病等，主要危害花、叶和枝。

3. 幼果期　此时期主要危害的病虫有桃小食心虫、红蜘蛛、黏虫、龟蜡蚧和枣锈病等，主要危害果和枝叶。

4. 白熟期　白熟期主要病虫害有枣锈病、裂果病、桃小食心虫、龟蜡蚧等，主要危害果和枝叶。

5. 着色期　主要病虫害有枣锈病、缩果病、裂果病、金龟子、龟蜡蚧和桃小食心虫等，主要畏寒部位是果和枝叶。

二、综合防治技术

枣树同其他果树类似，各个时期病虫害的发病几乎都是同时出现，防治时要根据发病的病虫害种类，选择适宜的药物种类混合在一起进行喷药防治。对于鳞翅目和双翅目的害虫可用25%的灭幼脲悬浮剂 500 倍液，或菊酯类 1 000 倍液进行喷施，对于同翅目和半翅目的害虫可用 10% 的吡虫啉可湿性粉剂 1 000 倍液进行喷施。对于枣锈病、缩果病和烂果病可以用 70% 代森锰锌可湿性粉剂 500 倍液，或 15% 的三唑酮可湿性粉剂 500 倍液进行喷施防治。同时，注意叶面喷施钙制剂可以有效地防治枣裂果。几种药剂混合使用时，要进行逐步稀释，如甲氰菊酯＋代森锰锌＋三唑酮，混合这三种药剂时，可先在喷雾器中加入一半的水，再用适量的水溶解代森锰锌，倒入喷雾器中，然后再用适量的水溶解三唑酮倒入喷雾器中，甲氰菊酯也用适量的水溶解后倒入喷雾器中，混合均匀，加满水后搅匀。用药原则：以防为主，防治结合。在各种病虫害出现之前进行用药，此时虫龄小，抵抗力低，用药防治效果最佳。防治晚了，害虫大量繁殖生长，抵抗力增加，防治效果差。

附录2　GB/T 26908-2011枣贮藏技术规程

1. 范　围

本标准规定了贮藏用鲜枣的采收与质量要求、贮藏前准备、采后处理与入库、贮藏条件与方式、贮藏管理、贮藏期限、出库、包装与运输等的技术要求。

本标准适用于鲜食枣的商业贮藏。

2. 规范性引用文件

下列文件中的条款通过本标准的引用而成为本标准的条款。凡是注日期的引用文件，其随后所有的修改单（不包括勘误内容）或修订版均不适用于本标准，然而，鼓励根据本标准达成协议的各方研究是否可使用这些文件的最新版本。凡是不注日期的引用文件，其最新版本适用于本标准。

GB 2762　食品中污染物限量

GB 2763　食品中农药最大残留限量

GB/T 22345-2008　鲜枣质量等级

3. 采收与质量要求

3.1　品种

短期贮藏适用于所有的鲜枣品种，长期贮藏则应选择晚熟的耐藏品种。

3.2　采收

应选择栽培管理规范、果实发育正常、病虫害少的枣园。

应在果面颜色初红至1/3红时选择晴天早晚、露水干后采收。应人工采摘、保留果柄。采收后的鲜枣应放在阴凉处，并尽快入库、预冷。

采后的运输包装宜采用塑料周转箱，采收和运输过程中应避免机械损伤。

3.3 质量要求

鲜枣的质量应符合 GB/T 22345–2008 中 4.1.2 特级和一级的要求（成熟度除外）。

卫生指标应符合 GB 2762 和 GB 2763 的有关规定。

4. 贮藏前准备、采后处理与入库

4.1 库房准备

贮藏前应对贮藏场所和用具（如贮藏箱、托盘等）进行彻底的清扫（清洗）和消毒，并进行通风。

检修所有的设备。在入库前 2～3 天开机降温，使库温降至 0℃ 左右。

4.2 挑选清洗

4.2.1 挑选

入库前进行挑选，剔除有机械损伤、病虫害和畸形的果实。挑选应在阴凉通风处进行，工作人员应戴手套，避免碰压伤。

应按果实的质量和成熟度（着色面积）进行分类贮藏。

4.2.2 清洗、消毒

长期贮藏的鲜枣应进行清洗，并使用符合食品安全要求的消毒剂消毒。清洗后的果实应尽快入库。

4.3 预冷、入库

采收的鲜枣应当天完成采后处理并入库降温预冷，遇冷温度为 0℃～2℃，预冷至果温接近库温。预冷时避免上层果实被冷风直吹。

若无预冷库，应控制每天入库量为贮藏库容量的 20% 左右，在 3～5 天内将果实温度降至贮藏温度。

当天采收的鲜枣要当天预冷或入库。

4.4 堆码

垛的走向、排列方式应与库内空气循环方向一致，垛底加 10～20 厘米厚的垫层（如纸托盘等）。垛与垛间、垛与墙间应留有 40～60 厘米间隙，码垛高度应低于蒸发器的冷风出口 60 厘米以上。

靠近蒸发器和冷风出口的部位应遮盖防冻。每垛应标明品种、来源、采收及入库时间、果实质量等。

5. 贮藏条件与方式

5.1 贮藏条件

5.1.1 温度

一般鲜枣的贮藏温度为 $-1℃ \sim 0℃$，冬枣为 $-2℃ \sim -1℃$。

5.1.2 湿度

湿度为 $90\% \sim 95\%$。

5.1.3 气体成分

氧气 $8\% \sim 12\%$，二氧化碳低于 0.5%。

5.2 贮藏方式

冷藏或冷藏加打孔塑料袋包装适用于短期贮藏。微孔膜包装冷藏（自发气调贮藏）适用于中期贮藏。气调贮藏或塑料大帐气调贮藏适用于长期贮藏。

6. 贮藏管理

定时观测和记录贮藏温度、湿度、气体成分，维持贮藏条件在规定的范围内。贮藏库内的气流应畅通，适时对库内气体进行通风换气。

7. 贮藏期限

一般鲜枣品种短期可贮藏 $10 \sim 20$ 天，中期可贮藏 $20 \sim 30$ 天，长期可贮藏 $30 \sim 50$ 天。冬枣短期可贮藏 $20 \sim 30$ 天，中期可贮藏 $30 \sim 60$ 天，长期可贮藏 $60 \sim 90$ 天。

8. 出库、包装与运输

8.1 出库

出库时的鲜枣应基本保持其固有的风味和新鲜度，果实不应有明显的失水（皱缩）、发酵、褐变等现象。

出库时要避免库内外温差过大。当外界气温超过 $20℃$ 时，出库后应在 $10℃ \sim 15℃$ 环境温度下回温 12 小时后再进行分选和包装处理。

8.2 分选和包装

出库后销售前可根据需要按照质量要求进行分选、包装，剔除软烂果。包装材料应透气，防止果实失水。

8.3 运输

中远距离（500千米以上）运输销售的鲜枣应采用保温车、冷藏车或冷藏集装箱运输，运输温度为0℃左右。低温运输的鲜枣在出库时不需要回温处理。

参考文献

［1］王江柱，毛永民，姜奎年，等. 枣高效栽培与病虫害看图防治［M］. 北京：化学工业出版社，2011.

［2］郭裕新，单公华. 中国枣［M］. 上海：上海科学技术出版社，2010.

［3］王敏，白金. 枣树无公害丰产栽培技术［M］. 北京：化学工业出版社，2010.

［4］王文江，刘孟军. 枣精细管理十二个月［M］. 北京：中国农业出版社，2009.

［5］魏天军. 枣树优质高效生产技术［M］. 银川：宁夏人民出版社，2009.

［6］夏树让，孙培博，欧广良. 优质无公害鲜枣标准化生产新技术［M］. 北京：科学技术文献出版社，2008.

［7］周广芳. 枣优质高效安全生产技术［M］. 济南：山东科学技术出版社，2008.

［8］张铁强，李奕松，邢广宏. 枣树无公害栽培技术问答［M］. 北京：中国农业大学出版社，2007.

［9］郭焕正. 灵宝大枣无公害生产技术［M］. 郑州：黄河水利出版社，2006.

［10］蒋芝云，王政懂. 柿和枣病虫原色图谱［M］. 杭州：浙江科学技术出版社，2006.

［11］刘孟军. 枣优质生产技术手册［M］. 北京：中国农业出版社，2004.

［12］孙益知，孙光丽，张管曲，等．果树病虫害生物防治［M］．北京：金盾出版社，2004．

［13］刘绍友，陈汤臣．果树主要病虫无公害综合防治技术［M］．杨凌：西北农林科技大学出版社，2003．

［14］周正群．冬枣无公害高效栽培技术［M］．北京：中国农业出版社，2003．

［15］高秀梅．枣优新品种矮密丰产栽培［M］．北京：中国农业大学出版社，2001．